威爾許定律

郭台銘說：

在快速成長的企業中，

領袖應該多一點霸氣！

Jack Welch
威爾許定律

林郁 主編

前言

1981 年，傑克・威爾許擔任通用電氣總裁兼首席執行長（CEO）時，這家公司的資本額只有 130 億美元，並且內部機構重疊十分嚴重，官僚作風、等級觀念盛行。它的不良債務累積如山，患上了典型的「大企業病」。整家公司的價值較 10 年前縮水了一半！

2001 年，通用電氣成為全球第一家資本總額突破 6000 億美元大關的公司，總收入達 1300 億美元，淨利潤從 15 億美元上升到 127 億美元，員工則從 40 萬人削減至 30 萬人，連續 5 年高居《財富》雜誌「全球最受讚賞的公司」排行榜首位，比位居第二的微軟公司的得票率高出 50%。威爾許也因此而被讚譽為 20 世紀最成功的首席執行長、「全球第一 CEO」。

綜觀傑克・威爾許領導通用電氣 20 年所走過的成功之路，人們不難發現，他其實是用最簡潔和最樸實的思想詮釋了那些看似繁雜的經營理念。也正是因為它的簡潔和樸實，所以才最實際，最實事求是，最一針見血，最切中要害。總歸一句話：最管用！

威爾許在上任後的第一次年會上，就公開宣告：「要做第一。只要不是第一、第二的部門就關門！」他追問員工：「你願意在第一流的公司工作，還是在不入流的公司鬼混？」他寧可將通用電氣失去競爭力的部門賣給對手，也不願讓它們繼續留下來苟延殘喘。對他來說，通用電氣要是不能做第一或者第二，還不如讓員工選擇到其它第一、第二的公司去工作。

從重塑企業文化、組織再造，到經營理念的變革，分析起來，就因為他事情不論大小，都非常堅守原則，而且實事求是，做什麼事都要做到最好，不能做到最好的就不要做。所以，20 年間，儘管其它許多公司在嚴峻的全球經濟中像多米諾骨牌一樣，紛紛倒臺，他卻不僅始終領導著通用電氣，並且策劃和執行了一連串經營策略，將通用電氣打造成 20 世紀末全美最成功的企業。

如今，像居安思危，率先變革；面對現實，不要玩數字遊戲；管理越少，成效越好；像小公司那樣經營；拆除邊界，建立「無藩籬障礙」的公司；正大光明地剽竊……等等，這些最能體現威爾許創新經營理念的樸實語言，早已成為通行全球的「韋氏註冊商標」，引起各國企業家的高度重視。

2001 年 12 月 29 日，海爾集團首席執行長張瑞敏說：「實際上，海爾一直以通用電氣為學習的榜樣，並且在管理思路上借鑒通用電氣的許多做法。」張瑞敏毫不掩飾自己對傑克・威爾許的欽佩之情：「如果有機會面對威爾許，我最想要探討的問題有兩個：通用電氣是全世界最大的公司之一，不僅沒有大企業病，還不斷進行企業內部的改造。在通用電氣，從總裁到工人，上下級別不到 5 層。而在有些企業，上下級之間高達 30 層。通用電氣這種『零管理』的方式使每個人都充滿活力。第二個就是，海爾今年開始進入金融產業。這對我們是一個挑戰。在這方面，通用電氣是全世界做得最好的。前年它的 1200 億美元的銷售收入中，金融就占了 500 億美元。而且，正是金融發展得最快。我們剛剛進入金融產業，進入這個風險非常大的行業，可能需要向他請教一下。」

正因為張瑞敏最欣賞威爾許「像小公司那樣經營」的創新思想，才有了這樣一則故事：一名美國海爾產品的經銷商來到青島，在交談時隨口提到冰櫃有點深，拿東西時不太方便。令這位經銷商萬萬想不到的是，從他當天下午 5 點鐘提出到第二天上午 10 點鐘，僅僅用了 17 個小時，一台按照新要求重新設計製造的樣機就擺在他的面前。而在正常情況下，一台新冰櫃，從設計到出樣品，即使是歐洲一些實力雄厚的大公司，沒有兩天的時間也很難拿出來。這就是海爾集團成功的祕訣——「像小公司那樣反應迅速！」

本書特別強調「實戰」，就是因為：惟有在面對競爭對手強而有力的挑戰與壓力之下，為了求生、求勝而擬定的種種決策和執行過程才最值得珍惜。經驗來自每一場硬仗，所有的勝利之成果都是靠著參與者小心翼翼，步步為營而得到的。現在與未來最需要的是腳踏實地的「行動家」，而不是缺乏實際的商戰經驗，徒憑理想的「空想家」。傑克・威爾許正是這樣一位集創新經營和實戰於一身的「行動家」。

閱讀本書，你將會看到，威爾許的創新經營理念並不像火箭科學那般遙不可及，而是每一個人都有機會接觸到的學問。威爾許說：「我們不以世界企管理念的源泉自居，但我們可能是全世界對追求新好理念最饑渴的人。無論這些新好理念在何處，我們都會毫不羞怯地吸納並適應。」

怎樣把事情做完、做好就是企業的一切——問傑克・威爾許就知道了。每一位 CEO、每一位領導者、管理者、每一位渴望成功的人，都能從本書中獲得收益！

第一章｜創新經營概要：「只有穩坐第一把交椅，才能真正掌握自己的命運。」

第二章｜創新經營魔法：「在龐大的公司身軀裏安裝上小公司的靈魂和速度。」

第六章｜創新經營眼光：順應大勢，改變遊戲規則

第一章

創新經營概要：「只有穩坐第一把交椅，才能真正掌握自己的命運。」

傑克・威爾許語錄：

假如你是市場上排名第四或第五的企業，你的命運就是：老大打個噴嚏，你接著就染上肺炎。只有成為市場上的老大，你才能夠真正掌握自己的命運。市場上的追隨者出現又消失，命運叵測。如果你在市場上排名第四，那麼你的命運與那些追隨者相比，不會有太大的區別。因此，你們必須找到根本的戰略方法，讓自己變得更加強壯，努力成為市場上的第一或第二。

傑克・威爾許爭做市場「老大」，全力操控市場的經營思想很簡單。他如此說：「在競爭激烈的商戰中，贏家往往是那些不斷尋找並積極投身於具有良好之前景的公司。不僅如此，他們還堅持做到，在每一個所涉及的領域，都努力成為市場的第一或第二。」

創新經營實戰之一：威氏定律——居安思危，率先變革

在傑克・威爾許的所有經營理念中，最重要、最具分量者莫過於這條簡單的「威氏定律」：居安思危，率先變革！

嚴格地說，威爾許並不是看到新世界來臨的第一人。他的最大成就是在看到新世界來臨之後，能夠大膽面對新事物

所需要的巨大而痛苦的變革，而且比工商業界的其他任何人都更為迅速有力地進行變革。他把經理們帶進這個我們仍生活在其中的新世界。同樣重要的是，他給各地的企業家展示了一種著手進行任何變革的方法。

上任伊始，他就敏銳地洞察到：不立即進行有效而徹底的變革，通用電氣公司的前途肯定很不樂觀。同時，他超人的敏銳嗅覺告訴他：一場前所未有的變革就要來臨，這場變革本身所攜帶的能量足以擊跨任何企業據以為傲的「堅實」根基。

當時的大多數企業家似乎都還沒能看到這一點。畢竟，變革並不是一件受人歡迎的事。相反，他們往往喜歡安於現狀。因為現狀是他們所熟悉的，因此也是安全、舒適的。不僅如此，現狀還是他們多年成就的積累。與現狀相比，變革就像是敵人，企圖摧毀現有成果的可怕敵人。

「我相信，沒有人會喜歡變革。面對變革，人們往往一開始便表明立場：『我就是喜歡現在的樣子……我之所以待在這兒，就是因為我喜歡這裏的一切。如果不喜歡現在的這些，我為什麼不換個地方呢？』」

與其他企業領導者不同，傑克・威爾許似乎天生就喜歡變革。因為在他的字典裏，變革意味著刺激、冒險，甚至是新生和自由。這位駕馭明天的企業掌舵人熱愛變革。他在通用電氣這家百年工業巨人內發動了一場革命，改造了一家在許多人看來並不需要改變的公司。

1981 年 4 月 1 日，46 歲的威爾許走馬上任，成為通用電氣公司第八任董事長兼執行總裁（CEO）。他覺得自己彷彿就躺在鐵達尼號最舒適的帆布躺椅上。

假如他像其他總裁一樣，他就會做出決定：最好不去搖撼這艘大船，只做修補。然而，他生性屬於好鬥類型，頑強的天性告訴他，想在變化如此迅速的環境中生存下來，通用電氣需要一種新的觀念、新的策略。

當月，在對董事會和股東發表講話的時候，他評論道：「十年後的今天，我希望通用電氣成長為一家獨特而富有活力的企業……一家全球公認的超一流企業……我希望，那時通用電氣能夠不僅成為全球最賺錢、業務也是最具多樣化的企業，而且在它所涉及的所有領域，都能夠成為世界級的業界領袖。」

這番話，既是他首次對董事會和股東發表講話時的演說辭，更是他心中的宏偉藍圖。接下來要做的就是如何將這一美好的構想用行動轉化為現實。

通用電氣必須主動變革，以適應新的市場環境。

傑克・威爾許，這位向來急性子的通用電氣新 CEO，在最初的一段時間裏，並沒有開展什麼大的舉動。因為他發現這份工作在某種程度上具有相當程度的挑戰性。

「當你在經營一家公司時，剛開始都會懼怕，生怕自己會毀了它。」多少年後，他坦白地道出了自己當時的心情。

這段日子裏，他每天都埋頭簽發公文，處理堆滿了整個桌面的資料，而且會議不斷，待回到家時，才突然發現自己根本不想做這些煩人的事……每天回到家，就覺得自己如同剛從戰場上退下來，全身疲憊。但深入瞭解了通用電氣的運作之後，他對公司存在的隱患大為震驚——在瓊斯交棒之後，公司儼然就是一個爛攤子。他自嘲地說：「我一上任就接過一個燙手山芋！」

當時通用電氣公司包括 350 家企業，超過 40 萬的員工，經營領域涉及電機、家電、醫療器械、照明、廣播、資訊服務、銀行等，內部機構重疊十分嚴重，累積了大量的不良債務，患上了美國當時最典型的「大公司病」。

旗下350個不同的事業部門，真正能夠在市場上數一數二的僅有照明事業部、動力系統事業部和發動機事業部這三個單位。

從全球市場的角度看，通用電氣也僅有塑膠材料事業部、燃氣發動機事業部和飛行器引擎事業部三個部門運作良好。其中，僅有飛行器引擎事業部可以稱得上是全球的業界領袖。

表面上看，通用電氣依然有著光輝的財務報表。實際上，這艘巨型「公司航空母艦」早已不知不覺駛向危機四伏的暗礁。

然而，當時許多人都認為通用電氣的經營狀況良好：上年年銷售收入25億美元，利潤1.5億美元；並以120億美元的股票市值在全美企業界排名第十。但是，威爾許敏銳地洞察到它所面臨的危機：通用電氣已快速駛入危險的邊緣，正面臨衰敗——源於它過分倚重它的製造業；源於它臃腫的官僚機構體制；源於它未能事先估計到來自國外的競爭。更可怕的是：當時幾乎沒有人能夠意識到這一點。

在威爾許接手通用電氣之前，公司80%以上的收入仍舊源於其傳統的電子和電器製造部門。只不過，此時製造業市場總體上已呈現下滑的態勢。而在通用電氣的各項業務中，顯示出發展前景良好的僅有金融服務、醫療儀器和塑膠材料三塊業務，其它許多事業部門則經常處於收不抵支的狀態，耗費了公司大量的現金資源。這一切都對剛剛繼任的他提出了嚴峻的挑戰。

20世紀80年代初，世界經濟的格局已悄然發生了巨大的變化，在世界經濟中具有重要地位的市場曾是美國占主導地位的鋼鐵、紡織、造船、電視、電腦和汽車等，漸漸地被一些國家以高質量的廉價商品將客戶奪走。其中最引人注目的便是日本。

這一切都讓具有深刻之市場洞察力的威爾許看到了。在對公司進行了研究之後，他相當清楚地發現：通用電氣需要的變革不是那種表面化臨時的修修補補。絕對不是！為了真正增強通用電氣的競爭力，他必須進行更激烈，觸及到深層次的變革。這種變革是美國主要的大型企業所從未嘗試過的。沒有其他什麼人或事件脅迫他這樣做——那甚至也不是通用基層人員的呼聲。這些人恰恰認為公司的狀況很好。然而，威爾許堅信自己是對的。

在解釋他 1981 年接手通用電氣時的具體情況時，他著重強調了兩個主要現實：20 世紀 70 年代末期的高通貨膨脹和每個通用機構所面臨的來自亞洲的威脅。他說：「這是一個警告，提醒我們一定要幹得更好，行動更快。為此，我覺得我在公司內應當傳達這樣的資訊：『遊戲規則正在改變。而且，這種改變是猛烈的。』我們有必要制定計畫及行動方案，以跟上一個完全不同的時代。日本人自 60 年代末、70 年代初以來，已完成了從質次價廉到質優價廉的轉變，並且，他們的工廠、質量、紀律在某些業務上正在超越我們。」

據此，他表示，通用電氣沒有理由不改變自身的狀況。經營背景的變化——尤其是高科技產業的發展和全球競爭對手的崛起——勢必對通用電氣造成嚴重的威脅。產品要求更高的質量，工人們的生產效率也日益提升。為了應付變革的大趨勢，他深切地感受到他為通用電氣設計的變革方案必須徹底而具革命性。

從來沒有人嘗試過這麼巨大的變革，更沒有人有這樣的膽量。威爾許為了實現增加通用電氣市場競爭力的目標，覺得有必要採取美國企業界前所未見的一系列大規模經營變革。也就是說，他要向通用電氣這家「優秀」的百年老店開刀。當時，他為通用電氣設計的變革方案如此新穎，以致沒法子取定一個確切的名字。直到後來，人們方稱之為「戰略重組」。

在其他人高枕而臥時，他就已感到正在逼近的危機。

當時的通用電氣，在世人眼裏，幾乎已化作一座神龕，是一個神聖不可侵犯的機構，不能隨意改變。在美國企業界，沒有哪一個人具有這種遠見和膽識——對看起來並沒有壞的東西進行修理。只有雄心勃勃的威爾許展現出這種超人的眼光和膽識，敢於對通用電氣這家仍能正常運轉的大公司進行大的變革。因此，全球各界的目光都在盯著這位年輕的總裁如何給通用電氣這艘巨型「航母」施行「手術療法」。

對任何人來說，想對通用電氣這艘百年「航母」動手術，都不是兒戲。威爾許完全可以像前任一樣，不去搖撼和修補這艘船。然而，也許是他比較年輕，或是他內蘊著「獲勝高於一切」的心態，他沒有坐視不管。他希望通用變得更好。

儘管變革初期，來自公司內外的各種指責和非難鋪天蓋地而來，他仍然決心不改。他動情地對董事會的股東大聲疾呼：「我痛心地看到，通用電氣，這個看起來如此強大的企業，竟然有那麼多事業部門已漸漸變得……變得老化而笨拙。美國企業，從本質上講，十分注重內部的官僚組織結構。這在過去無可厚非。但在當今時代，變革的速度實在太快了，它遠遠超過企業所能夠反應的速度。」

通常情況下，管理者都不願甚至懼怕變革，因為他們都相信「以不變應萬變」是最好的經營策略——也許因為那是最安全的經營策略。威爾許則認為，懼怕變革，必然導致一事無成。他發現，變革是一件令人興奮、並且充滿想像力的事。因此，他大聲爭辯道：「應該考慮變革。它能使我們保持清醒和警覺，隨時準備行動。」

變革，看上去可能很簡單：老闆做出決定，然後員工照此調整他們的行為方式。實際上卻不是那麼容易。拋棄舊習慣，接受新事物，對任何人來說，都是最困難的事。威爾許完全清楚變革的難度。但他不退縮。他要以變革為契機，將通用電氣轉變為他心目中永具競爭實力的企業。他堅信，只有通過變革——巨大的變革——通用電氣才能取勝。他體會到，獲勝者之所以能贏，就是因為他們並不退縮。

威爾許經常對他的經理團隊說：「把每一天都當成你參加工作的第一天，以嶄新的視角審視你的工作，進行任何必要且有利的改進。經常不斷地研究你的工作計畫。如有必要，就重新擬訂。這樣，你才不會因循守舊。」

對通用電氣的員工則說：「記住，要自己做決定。如果你相信自己是對的，就不要放棄，更不要屈從於別人的意志。你可以改變你的上司，或者督促他們改變。」

W．詹姆斯．麥克納尼是通用事業部的負責人之一。多年間，他一直注視著威爾許的行動。1995 到 1997 年，麥克納尼曾擔任通用照明事業部的董事長兼首席執行長。之後，他被任命為通用飛機發動機事業部的負責人。

威爾許要求麥克納尼及通用電氣的其他每一位事業部主管都記住時刻審查自己的工作計畫，正視每天早晨面臨的新問題。那也許是一個關於競爭的問題，或是一個關於市場的問題。每天早上，情況都不一樣；昨天重要的，今天可能已不再重要。

「結果，你被迫必須去面對、去適應新的情況。」麥克納尼說：「根據過去 24 小時內外部環境所發生的變化，我們很可能會對昨天剛剛達成協定的一筆交易，或者剛剛開始執行的一個方案，得出完全不同的結論。像傑克這樣的傢伙的確很少見。在許多公司裏，領導者大都不願改變自己已經做出的決定，不願『朝令夕改』。」

據麥克納尼觀察，威爾許視變革為動力，儘管那可能使公司在一段時期內陷入某種程度的混亂。他說：「傑克總是能夠敏銳地洞察到某個行動方案是否已不重要、已經過時，或是效用已在降低。」

羅伯特・賴特——通用電氣所轄的 NBC 電視網的董事長，他這樣評價道：「威爾許使一家公司永保活力的能力堪稱一流。在某個策略被充分挖掘利用之後，他總是有能力立即提出另一套新的策略構想。」

面對現實，不要玩數字遊戲

「不要耍弄你自己！事情本來就是這個樣子。」威爾許的母親經常教導他的這番話，成了他經營通用電氣公司的指南。多年來，他總是力圖以面對現實的態度對待通用電氣。他之所以被評為「世界上最偉大的商業領袖」、「全球第一CEO」，與他這種正視現實、果斷決策的罕見能力不無關係。

他如是說：「經營和管理的藝術看起來複雜無比，實際上卻十分簡單，即對人、對形勢及對產品審時度勢，面對現實的態度，以及根據現實，迅速而果斷地決策和行動的能力與決心。想想看，有多少次，我們都是在自欺欺人，幻想著萬事皆如自己所願。你所犯下的大多數錯誤，究其根源，無非就是缺乏面對現實的決心和解決問題的態度，以及迅速採取行動的勇氣。從這個意義上講，管理的精髓無非就是：問題的分析、定位和解決問題的行動。一旦發現問題，千萬不要期望和等待下一次的行動計畫；也不可反覆思量，猶豫不決。一旦發現問題，就只管放心大膽地解決它！」

在最新的自傳中，他進一步闡述道：「擬定商業計畫，盡可能不要與希望打賭。自欺欺人的幻覺會在整個公司蔓延，引導公司的成員做出十分荒謬的結論。無論是 70 年的家用電器，80 年代的核能發電，還是世紀之交的網路公司，讓員工直面現實都是走向經營成功的第一步。」

在威爾許執掌通用電氣公司 20 年的歷程中，「面對現實」是他所堅持的最為悠久的經營理念之一，更是他經營藝術的核心原則之一。

由於通用電氣公司在美國經濟中佔居獨特的領導者地位，許多公司的領導者都把它奉為經營的典範。無論它採取何種新的經營方式，美國商界都會起而效仿。通用電氣在 20 世紀 50 年代實行權力分散，權力分散便成了後來的改革浪潮；它在 60 和 70 年代建立起龐大的官僚機構，同樣成了美國眾多公司紛紛效仿的楷模。

「眾人皆醉我獨醒。」在一片讚揚聲中，惟有傑克・威爾許清楚地看出通用電氣所潛伏的巨大危機。在一個權力分散的組織中，其他人看到了美德，他看見了混亂；在公司的官僚機構中，其他人看見了秩序，他看到了僵化；眾人皆相信那種一層又一層的經營管理結構形成了最完善的指揮控制系統，他從中發現的卻是公司領導白白浪費了寶貴的時間。

他說：「不要玩數字遊戲，只需強調眼下處境的現實。我們的命題是去面對現實，看清楚我們所面臨的是一個困難重重的商業環境。我們可以接受好消息，也可以接受壞消息。我們都是一些大人物，都被付予高薪，所以，不要閉門造車。」

在對通用電氣公司的管理中，威爾許提出的許多經營戰略都源於他對特定現實準確判斷後擬出的應對措施。有關核能部門的經營方向之爭就是一個最好的例子。

核電項目是通用電氣在 20 世紀 60 年代上馬的事業，它當時與飛機發動機和電腦並稱為三大風險業務。後來，飛機發動機業務逐步發展壯大，而電腦業務則被出售掉了。

核電項目在當時最被看好。它設立在聖何塞市，那裏集中了那個時代最優秀的核電精英，他們把自己的全部生命和希望都投入核能利用這一前景輝煌的事業當中。他們是那一代人中的比爾・蓋茲，期待著能用自己的智慧改變人類的生活和工作方式。就連 1979 年，發生在賓州三浬島的核電事故，也沒有影響他們的信心。

1981 年，威爾許上任伊始，就參觀了這個身價幾十億美元的業務部門。在兩天的行程中，核能部門向他展示了頗具前景的樂觀計畫。他們預計每年可以得到三份核子反應爐的新訂單，而全然不顧兩年未接到一份訂單、1980 年虧損 1300 萬美元的現實。

儘管他們談得熱情洋溢，威爾許還是硬生生打斷他們認真的陳述：「各位，你們不要指望一年能得到三份訂單。以我看來，在美國，哪怕是一份訂單，你們也得不到了。」

他雖然不瞭解這個行業，但他相信自己的眼睛洞察現實的能力。當時的事實是：1979 年的三浬島核事故，把公眾心中殘存的一點點對原子能的支持都打消了。對公用事業管理部門及政府來說，核電的安全是最優先考慮的事。

通用電氣公司已經有 72 個反應爐在運轉，使這些項目保留下來並安全地運轉才是頭等大事。

基於對以上事實的判斷，威爾許要求核電業務部門必須重新制定計畫。新計劃的依據是：連一份來自美國的核子反應爐訂單也收不到。「如果只是依靠向現有的核電站出售核燃料和提供核能技術服務，公司的業務如何支持下去？你們考慮一下，拿出一個方案來。」

到了 1981 年秋天，核電業務部門重新調整思路，終於制定出新的計畫。而且，他們將核子反應爐業務部門的雇員從 1980 年的 2410 名減少到 1985 年的 160 人，將絕大部分建設反應爐的基礎設施都拆掉，把力量集中到對先進反應爐的研究上，以備將來有一天世界對核能利用的態度可能會發生轉變。

按照威爾許的思路，核電業務部門的技術服務開展得非常成功，淨收入從 1981 年的 1400 萬美元增加到 1982 年的 7800 萬美元，1983 年又增長到 1 億 1600 萬美元。這正符合他的服務業在通用電氣公司未來的發展中將扮演重要角色的構想。

新思路很快使核能部門建立起核燃料和核技術服務業務，使通用電氣對公用事業所擔負的責任得到落實，並能夠連續不斷地支持對更先進之核子反應爐的研究工作。

情況正如威爾許所預料的，自從他走訪核能部門之後近 20 年，核能部門只接到四份訂單，全都是訂購技術上更先進的反應爐，而且沒有一份是來自美國。

核能業務部門的改革成功正是威爾許面對現實之經營管理藝術的絕妙一例。此後，只要有機會，他就把這個故事向每個通用電氣的員工講述，藉以把自己的經營理念傳遞到整個公司。他在其最新的自傳中很得意地說：

「我終於抓住這樣一個機會，從那些顯而易見並不是威爾許門徒的人當中製造出一群英雄。這是一個重大的轉捩點。它清清楚楚地向人們傳達了這樣一個信息：為了在新的通用電氣公司中獲得成功，你不必刻意把自己改造成一個什麼特定的類型。不管你是什麼長相，什麼個性，你都可以成為通用電氣的英雄。你需要做的只有一點：面對現實，開始行動。」

此後幾年，他經常引用核能部門的這個故事，極力強調做事情一定要從現實出發的重要性。他說：「面對現實，聽起來簡單——事實上決非如此。恰恰相反，我發現，讓人們從現實出發，而不是從過去的實際或者自己的主觀願望出發看待某種形勢，實在是一件很不容易的事。」

通用電氣想健康而敏捷，必須進行『瘦身』手術。

新的時代要求通用電氣健康而敏捷，積極而具有競爭力。為了達到這個目的，除了徹底地變革之外，還必須對它施行「瘦身」手術——大舉裁員。

威爾許接手時，通用電氣公司有 2.5 萬多名經理。這是他變革路線最大的攔路虎。因為公司的每一名管理者，要嘛是有一定專長的技術專家，要嘛是對公司有過突出貢獻的功臣，若將這些人解雇，哪怕僅僅是其中的一小部分，都將會在公司內部引起大騷動！而且，如何妥善安排這部分人的去向，如何保障他們的生活待遇，這問題如果解決不好，公司都永遠難得安寧，想要謀求更好的發展更是無從談起。

但是，商場如戰場，競爭是殘酷的，任何猶豫不決或怯懦都將一事無成。所以，他還是下定決心：「瘦身」手術必須做！

為了給通用電氣「減肥」，威爾許廢除了許多不需要的層級，將大量管理人員「閑」起來。他的目標非常明確，就是對那些雖然整天忙忙碌碌地生產，業務暫時也有盈利，但若不採取改革措施，有一天終將陷入困境的部門預先進行整頓、出售或關閉。雖然內部人員在理智上可以理解他的做法，然而，變革措施一旦付諸實施，各種感情上的原因卻使他們的行動面臨相當的困難。威爾許花費了極大的心血與員工溝通。

通常情況下，變革都是始於底層。威爾許卻反其道而行，從頂層開始。他通過精簡機構，裁減事業部經理、部門經理和員工，使公司更加簡練、強壯和富有競爭力。事實也的確如他所願，通用電氣公司經過他的「瘦身」療法，重新煥發了生機，大大增強了市場競爭力。但他最初的嘗試只得到一片刺耳的喧嘩，許多人惡意地指責他在製造混亂。當時的美國輿論甚至把他推舉為美國歷史上最具爭議性的企業家之一。當然，他最終成為美國乃至全世界最受人尊敬的企業家。這是後話。

威爾許相信他所做的完全正確，而且事實上他除了按預定計畫實施下去之外也別無選擇。他知道自己的決定令某些人痛心。但在日趨變化的市場壓力下，他必須將通用電氣這頭笨重的大象變成靈巧的羚羊。他明白，只有頂著壓力，克服一切困難，重新塑造公司，並讓它進行一次大規模的「瘦身」，才能實現這樣的目標。為了堅定自己的信心，他常常在心裏對自己說：「累贅的肥肉必須除去，通用電氣必須變得健壯而富有戰鬥性！」

他明白自己已經別無選擇。雖然他正在做一項痛徹心扉的決定，但他覺得這樣做值得！

「能夠帶領通用電氣邁入 21 世紀的事業才是我們應該大力培養的事業。這些事業就在圈內。至於那些圈外的事業，我想，我們最好不要再耗費精力了。我們不是拋棄員工；我們是拋棄那些業務崗位，因而那些崗位上的員工只能走開。」

威爾許指出：向工人們提供固定的工作是一種失敗的經營策略。通用電氣公司的主要競爭對手來自外國公司，它們的工作效率要高得多。為了與之匹敵，進而超越它們，通用電氣就需要靠提高設備檔次和裁員，以使自己的企業合理化。威爾許將「適者生存」的法則運用到他的經營之中：在通用公司，每一個部門和員工都是因為需要才得已生存，否則將被完全淘汰。他在一次對股東的演講中指出：「這個管理體系的設計與規劃最適合用於一家擁有 30 萬名員工左右的公司。」短短兩年時間，他將員工總人數從 41 萬餘人削減至 22.9 萬人。

對威爾許來說，一切似乎都在意料之中：對他那令人不安的變革，通用員工的反應是擔憂，甚至懷疑。在他們看來，變革通常就意味著厄運的降臨，是工廠關門和解散的代名詞。

威爾許實施的大裁員計畫，在當時，顯得如此孤立和突出，與其他美國企業領導人的做法如此不同。他成了惟一一位在公司並未遇到經濟危機的情況下即積極裁員的企業領導人。

特別是在美國，裁員向來惹人厭。提到它，總是給人一種深刻的印象：失業、沒有任何收入，以及痛苦絕望、惘然煎熬。

80 年代以前，傳統的管理哲學認為，解雇員工應該是企業對付經濟危機的最後一招。只有在公司遭到嚴重的財務危機，走投無路之時，才「可以」採取這種做法。

裁員總是帶上企業經營失敗的印記。它是企業的恥辱，也是企業低頭認輸的象徵。此外，裁員還意味著企業對自身所肩負之社會責任的逃避。因此，裁員是各家企業都非常忌諱並極力避免的做法。

而且，解雇員工也不是一件簡單的事。美國企業所雇用的員工享有各種各樣的工作保護。工會在 20 世紀美國人的心中深深印下一條「黃金定律」：每個人都有權擁有一份工作。在這個強有力的主張下，既然每個人都有權擁有一份工作，因此，每個人便有權不被解雇。

另外，華盛頓的政客也普遍接受這樣的觀點：員工的工作保障確實比公司的承受能力重要得多。於是，人們便常常可以看到或聽到某某政客正為某家公司被裁的員工充當說客的故事。甚至企業內部的管理層也不樂意採取公司實施裁員的舉措。他們認為：員工喜歡、需要一種工作有保障的感覺，這有助於他們提高生產效率。

當時，美國商界沒有任何一位業界領導人認同威爾許的想法，或是贊同他對於現代企業的觀點。更沒有哪個企業領導人敢承認自己的企業需要進行大手術。像威爾許那樣，堅決地實施大裁員行動，更是大部分的首席執行長望而卻步，不敢涉足的。

威爾許施行的「瘦身」手術，最終將導致成千上萬名員工失去工作。

他決心背水一戰！在內外多重壓力下，他「固執」地堅持了自己的做法。或許正是因為這份「固執」，他也因此得了個綽號——「中子彈傑克」，暗喻他就像一枚中子彈，具有將人殺死，卻讓建築物完好無損的能力。

威爾許很討厭「中子彈」這個綽號。他憤憤地對好友說：「居心不良！我覺得『中子彈傑克』是個刺耳的詞，它給我一種卑劣的感覺。把我叫成『中子彈傑克』，就因為我解雇了工人！可是，我已經給予他們這輩子都不可能再遇到的、最好的解聘福利呀！」

1984 年秋天，《財富》雜誌選出「美國十大最強硬的 CEO」，傑克．威爾許名列首位。

在巨大的壓力面前，威爾許絲毫不為所動。他知道，想根本扭轉局面，使通用電氣成為全球最具競爭力的企業，這種付出是必要的。只有大規模的手術才能保證通用電氣長期的成功與發展。1984 年底，哈佛商學院的 MBA 學子問他，在擔任通用電氣 CEO 的頭幾年裏，他最後悔的事情是什麼。他的回答很幽默：「行動時間拖得太長。」引得學生們哄堂大笑。

變革不是猛虎！

經過數年持續不懈的努力，通用電氣的各項財務數字實質性地不斷攀升。很清楚，傑克．威爾許的變革奏效了。

到了 90 年代，通用電氣已被冠以全美最傑出的公司。這無疑也表明了威爾許變革措施的巨大成效。然而，這些令人羨慕的巨大成就反倒促使他更進一步展開下一輪的公司變革。

1995 年，威爾許的另一場大規模變革正式啟動。這一開創性的變革戰略旨在提高通用電氣產品及工藝的質量。當時許多人都認為，通用電氣也許根本沒必要發動這場提高品質的變革。畢竟，正如威爾許本人所說的：「今天，通用電氣是一家高品質的公司。事實上，它一直以來都是一家高品質的公司。」

那麼，為什麼不保持現狀呢？

因為，在威爾許眼裏，通用電氣產品的品質還存在大量可以改進的空間和餘地。他覺得，離可以拍著胸脯誇耀自己產品的時候還早著呢：「我們期望超越過去，期望把我們的產品提升到一個全新的品質水平，並以此改變競爭的格局。我們對自己的要求，不僅僅是簡單地比競爭對手做得好罷了。我們還期望，我們的產品能夠帶給用戶充分的價值，以及某種有別於其它公司同類產品的特殊意義，並能夠為客戶的成功貢獻力量，從成而為客戶的第一選擇。」

2000 年 4 月 26 日，通用電氣在維吉尼亞州里士滿市召開公司年會。威爾許發表講話，提及「居安思危，率先變革」的經營戰略。他強調，面對當代社會高速變革的市場環境，企業因應變革的難度將越來越大：

「在過去的 20 年裏，我們總結出一個十分有用的經營概念，即堅信並堅持企業組織不僅大可不必畏懼變革，相反，應該充分地利用變革。也就是說，把變革視為機遇而不是威脅的那些企業，往往能夠適應和利用市場環境的高速變革，並因此獲得明顯的競爭優勢。」

對於變革，傑克．威爾許一向很樂觀。他如是說：「變革總不會太壞，它每時每刻都帶來機會而不是危機。充分利用變革，領導變革，你的企業組織才不會因變革而癱瘓！許多企業組織往往視變革為猛虎，怕得要命。我們則要使變革成為充滿活力、令人振奮的事件。把握變革，適應變革，我認為，這是通用電氣的最強項。」

對那些害怕變革的人，他勸他們：「倡導變革，積極進取。在變革面前決不驚惶失措，視變革為機遇，而非威脅。有些人得知國防預算減少，便大驚失色：『天哪！世界末日要到了！』歸根結柢，問題出在領導者身上。重新洗牌不值得大驚小怪——現在要摸大牌，因而存在機遇。對通用電氣來說，每次看到變革發生，都是改變手中持牌的機會。所以，不必驚惶失措。一切都可以推倒重來。」

目前，市場的整個大環境正處於網路革命的高潮階段，商機湧現和消失的速度已經達到前所未有的「快」，一周甚至一天便是一個變革的輪迴……

為了適應如此「惡劣」的市場環境，人們惟一的應對措施便是：樂於並勇於接受變革。這正是威爾許所極力提倡的核心經營戰略的內容：居安思危，率先變革！

創新經營實戰之二：創建「數一數二」的公司制度

傑克．威爾許指出：「在激烈的商戰中，贏家往往是那些不斷尋找並積極投身於具有良好之前景的公司。不僅如此，贏家必然在每一個所涉及的領域，都能夠成為市場上數一數二的業界領導者。」

熟悉公司經營之道的人都知道，公司經營的戰略設想猶如一個人的生活目的。人有了明確的目的，立身處世才能發揮動力和幹勁。同樣的道理，公司的經營戰略可以成為員工更高層次的追求，因而也會產生同樣的力量。這種設想描繪了公司未來的遠景規劃和員工們奮鬥的藍圖。公司經營戰略目標的制定，對激勵、動員、團結和鞭策員工的積極主動性具有重要的作用。因此，制定積極進取的新經營戰略是威爾許首先要解決的大問題。

威爾許所接手的通用電氣是以電器和電子製造業為主。作為公司業務的主要構成部分，它佔了通用電氣收入的80%；而 1981 年，製造業為公司贏得的收入僅為三分之一。

為了確保通用電氣能夠擁有合理的業務結構，威爾許首先推出一項「業務開拓策略」（path-breaking strategy）——從現在開始，通用電氣的各項業務必須在所處的領域內佔據數一數二的地位。否則，公司將立即關閉或出售那些前景不佳的業務分支。

威爾許把這個戰略取名為「數一數二」，並將它視為他創新經營的核心戰略。在今天的通用電氣公司，你會發現，這幾個字早已深入每一名員工的心靈深處。它們就像一個單詞，意指一個核心。

按照威爾許的經營理念，面對全球競爭激烈的環境，只有在市場上領先對手，才能立於不敗之地。任何事業部門，其存在的條件都是在市場上「數一數二」，否則就要被砍掉——整頓、關閉或出售。

《富比士》雜誌上的三個「魔圈」

威爾許接手通用電氣時，通用電氣擁有如此眾多的多樣化業務部門——共有 350 個業務部門，43 個戰略事業單元，是一家名副其實的多元化經營大型企業。幾乎沒有一家美國公司能夠擁有如此龐大的業務組合。

通用電氣公司的多元化特點雖然保護了它免受經濟衰退的侵害，但想要在每個領域都表現出色，也的確不容易。而且，通用電氣似乎一直很難讓人聚集，因為它生產的東西實在太多了。從核子反應爐、微波爐，到機器人、矽晶片，無所不有，另外還有在澳洲的煉焦煤與分時服務，以至於人們搞不清它到底在生產什麼，也不知道它未來將會有什麼表現。因此，很多人將它看作一家「聯合大企業」。

威爾許很不喜歡這個稱呼。每當聽到什麼人將通用電氣稱為「聯合大企業」時，他就會勃然大怒。他覺得這樣的稱呼是不公平的，有點「大雜燴」的味道。因為通用電氣畢竟不是一個公司的簡單集合。他更喜歡把它喚作「多種經營企業」。雖然僅有幾字之差，代表的理念卻有本質上的不同。但事實總歸是事實，在他接任 CEO 時，通用電氣的 350 個事業部門有很多正處於慘澹經營的維持狀態。

因此，他決定向華爾街傳遞一個新的信息：通用電氣公司並不是一堆亂七八糟，毫無聯繫的企業組合；公司有自己的主要目標和發展重點。如果他能迅速將自己的「數一數二」經營戰略付諸實現，那麼通用電氣將會在實現自己的目標上取得重大的進展，並成為世界上最富有競爭力的企業。

早在 80 年代初，橫掃美國商界的通貨膨脹危機即引起威爾許極大的關注，尤其是這一危機對通用電氣的影響。他一直在思索這樣一個問題：「我該怎樣做，才能使公司的每一項業務在市場上居於主導地位？」

經過深入的跟蹤分析研究，他發現，在經濟低增長的環境中，勝利者將是這樣的公司：它們能夠辨認出哪些產業在未來會取得真正的發展，並堅信所投入的每項事業都能保持第一或第二名的優勢。這些公司將以精簡的人事、低下的生產及經銷成本、高質量的產品及服務、技術創新和全球行銷觀念作為它們勝利的根基。

於是，威爾許開始發動一場戰役：依靠建立通用電氣的新核心目標，大大地提高利潤額。公司只願意保留能在市場上處於第一或第二位的企業。正如他在皮埃爾飯店講話時所說的，這些企業將是「機構方面最精悍、開支方面最節省、優質產品或優質服務方面在世界上名列第一或第二；它們必須擁有技術上的優勢，在市場中佔據有利的地位。」它將成為具有威爾許特色的「數一數二」的經營戰略。

「數一數二」的遠景目標明確以後，威爾許每到一個地方都要反覆宣講，一遍又一遍。這一目標雖然簡單，但想要把它灌輸給通用電氣的每一個成員卻萬分困難。他花費了極大的心血，與各級管理人員進行溝通。有很長一段時間，他一直考慮怎麼做才能使效果更好一些。出人意料的是，1983 年 1 月的一天，在一次雞尾酒會的餐巾上，他找到了答案。

威爾許有一個習慣：不管在什麼地方、什麼時候，每當闡述自己的思想時，他總喜歡在紙張上塗塗寫寫。一天，在新迦南的蓋茨飯店，為了向妻子卡羅琳解釋公司的新經營戰略，他掏出一支筆，順手在墊酒杯用的餐巾上畫了起來。

他畫了三個圓圈，分別代表通用電氣的三大類業務，即核心生產、技術及服務。每個圓圈中分列著具體的業務種類。其中的核心圈包括照明、主要電器、馬達、交通、汽輪機和承包設備；技術圈包括工業電氣、醫用系統、材料、航太和飛機發動機；服務圈則包括信貸合作、資訊、建築和工程，以及核子服務等。

他說，所有未包括在這三個圈裏的業務，要嘛正處於行業邊緣，經營業績不好，要嘛市場前景暗淡，或是乾脆就不具備什麼戰略價值。這些業務都要整頓、出售或關閉。

威爾許很喜歡這三個圓圈的表述方式。在後來的幾個星期，他對它做了擴充，增加了更多細節。

這個圖表的確可以把他的思想表達透徹。它正是他所需要的概念和表述工具，簡潔而又實用。

後來，他就通過它，闡述和推進「數一數二」的經營戰略。他開始到處使用這個圖表，以至於當他的「三環戰略」名聲大震後，《富比士》雜誌還專門以它為題，在 1984 年 3 月刊登了關於通用公司的封面故事。

威爾許 3 個圓圈的思考法

按威爾許的解釋：「位於圓圈內的事業，就是我們的確想發展的業務，也是將會把我們帶入 21 世紀的事業部。至於那些圓圈外的事業，通用電氣不想再耗費力氣了！」

他的視野越來越清晰，也越來越集中。任何想知道通用是何種公司的人，只要看看他的這些圓圈便可一目瞭然。

圓圈內的事業將受到他的重點栽培，圓圈外的則不會。他堅信，進入這些圓圈的 15 種事業，在九十年代初期，通用電氣有最大的可能成為大贏家。後來的發展也的確如他所料。1984 年，通用電氣已有 90％的利潤來自圓圈裏的這些事業。

至於那些圓圈外的事業，威爾許也不見得就一棍子打死。事實上，他喊出了一個口號：整頓、關閉或是出售。他心想，如果能夠將某項事業改革一番，再讓它進入圓圈內，那將是最好不過的事了。

當然，對員工們來說，如果自己的業務部門被劃到威爾許的圓圈內，他們自然會產生一種安全感，甚至自豪感。反之，對那些沒有被畫進圓圈內的業務部門來說，各種各樣的情緒都會出現；特別是那些曾經屬於通用電氣公司核心業務部門的企業或工廠，如中央空調、家用器具、電視機、收音機及半導體等部門，情況將更為混亂。當然，這也很自然：身處於「整頓、出售或關閉」範圍的業務部門，誰都會惴惴不安。

這三個圓圈是威爾許帶領通用電氣走過 20 世紀 80 年代初期的基本經營理念。他利用這個理念，理清了外人對通用電氣的看法。自此，通用電氣不再是一家龐雜無序的「聯合大企業」。

那麼，一項事業究竟是擺在圓圈內還是圓圈外，威爾許是如何決定的？是憑直覺還是另有其它標準。對此，他這樣說：「放眼競爭激烈的商場，這項事業該擺放在何處？面對競爭時，它的優勢在哪裡？劣勢又是什麼？先不論頭一兩年的努力將如何消耗我們的精力，先想想激烈的競爭會帶來一些什麼？我們如何做才能改變商場的形勢？」

「你將全球競爭的形勢鋪展於前，測度市場的尺寸、對手的人數及可能的全球佔有率，然後你便能對商場有個概略的瞭解。接著你再詢問某人，在過去兩年中，你做了些什麼以改善自己在全球市場的地位？你的對手如何以其優勢改變你所處的地位？你如何回應？在未來兩年內，你會採取哪些行動，加強自己的優勢？在激烈的商場競爭中，令你最怕的改變是什麼？這些就是你必須考慮的因素。假使你玩的是一場容易輸的遊戲，別人便會前進，並很快將你擊倒。這時你不必靜待死亡或做困獸之鬥，你所能做的只是跳出來。」

「數一數二」的經營戰略不僅是威爾許最重要的經營戰略，更是他最為持久的經營準則之一。為了推行這一新的經營戰略，他警告大家，如果不堅持「數一數二」的經營策略，那麼，大家所能做的便是眼睜睜看著通貨膨脹吞噬美國經濟的增長，同時也自然妨礙了通用電氣的成長。

為此，他大聲疾呼：「當今的市場，已經不再給那些提供普通而沒有特點的產品和服務的廠商任何發展的空間。這裡指的是那些處在中游的廠商。在經濟緩慢增長的年代，贏家往往是那些不斷尋找並積極投身於具有良好之前景的公司。不僅如此，贏家還必然是那些在每一個所涉及的領域，都能夠成為市場數一數二的業界領導者。這樣的業界領導者往往具有全球市場上最低的生產成本、最敏捷的製造流程，並提供質量最優的產品或服務。當然，有時候，業界領導的制勝法寶也會是領先的技術或市場的先機，但隊伍中間的企業永遠不會成為勝利者！只有那些堅持數一數二、精幹、低成本、國際性的高質量產品與服務商，以及擁有絕對的技術優勢或者在所選的定位中具有絕對優勢的生產商才會成為勝利者。」

從根本上講，威爾許的新經營戰略是為自己掌管的所有業務建立最高的標準。在自己的管轄範圍和任職期間內，他決不容忍那些不能做到最好的業務部門。

當然，這項經營策略的目標是使公司持續發展。因為他堅信，只有佔據市場上數一數二的地位，才能具備絕對的競爭優勢。「在商業領域，只有強者才能生存下來，弱者必會被淘汰。大的、反應快的能繼續運轉；小的、反應慢的就會落在後面。」更重要的是，威爾許想以此建立起最優化標準的制度，使那些表現平平的人在通用電氣無法坦然立足。

標準不怕定得太高，而是怕不夠高！

「標準不怕定得太高，而是怕不夠高！」這是傑克・威爾許經常掛在嘴邊的一句話。他的這一經營策略不是要求某個事業部成為業界第一，而是通用電氣旗下所有的事業部門都必須通通做到業界的數一數二。

這無疑是個非常大膽、冒險，又雄心勃勃的新經營戰略。正如威爾許本人常常用於形容自己所做的許多事情那樣，它有些「偏執狂」的味道。然而，也正因為如此，他才如此鍾愛這個有些「偏執狂」的好主意。

「數一數二」的經營戰略提出後，各事業部門的經理頓時感到前所未有的巨大壓力。那些從前可以躲開的難題，現在必須天天面對。因為威爾許的話時時響在他們的耳邊：

「如果我們不是市場上數一數二的業界領導者，也看不到自身擁有什麼領先的技術優勢，那麼，我們必須去考慮管理大師彼得・杜拉克為我們提出的若干問題：『此刻你若是某行業的局外人，你會希望進入這個行業嗎？』如果你的答案是「不希望」，那麼請繼續回答下面的第二個難題：『那麼，我們該怎樣處理這樣的業務？』」

在威爾許之前，管理層或公司往往對這樣的業務聽之任之，從而繼續擁有這些業務。理由是多種多樣的，諸如傳統啦、感情啦等等。而這一切，在威爾許「數一數二」的經營戰略面前都將成為經營上的缺陷而遭致淘汰。

威爾許認為，追求「數一數二」的經營戰略更具有現實意義。他說：「與設定一些具體的目標或要求相比，我們堅信『數一數二』的經營理念對我們更有意義。十年後，我們相信通用電氣將因此而擁有一系列業界數一數二的業務部門。」

同時，他特別提醒大家注意這樣一個事實：那些曾經在1945～1970年美國經濟高速發展期間被《財富》列入500強的企業，現在已經有近50%消失殆盡。在這些消失者之中，有的被兼併，有的則早已破產而徹底消亡。

威爾許「數一數二」的經營戰略給公司的發展帶來了很多啟示，雖然這一戰略看起來非常簡單，無非是說：「讓我們只在那些有機會出人頭地的領域做生意。」如此而已。

剛開始，威爾許的新經營戰略並沒有得到那些滿足於現狀的各部門管理人員的贊同。他們認為沒有必要僅僅由於一項業務處於其領域第三或第四的位置就放棄，因為通用電氣有相當多的盈利部門都是處於第三或第四的位置，可一點都不妨礙它巨大的利潤額。這些賺錢的部門難道應該被活活拆散或放棄？

人們不時詢問這樣的問題——

非得成為業界中的數一數二嗎？

第三或第四又有什麼不好？

萬一我們拋棄了一個現在不是數一數二的業務，而之後這項業務卻變得炙手可熱，那該怎麼辦？

……

面對種種不滿和疑問，威爾許的回答是：「在很多市場上，你會發現，當經濟周期進入蕭條期時，正是那些排名第三、第四、第五或第六的二流公司受到最為慘痛的打擊。而排名第一、第二的公司永遠不會失去自己所佔領的市場份額。因為其市場領導者的地位使它們能夠領先採用更多、更為積極的策略，例如價格策略等。此外，其雄厚的實力還可以確保這樣的公司不斷研發並推出新產品。」

另外，他還告訴人們，一旦管理人員認為自己是市場上的第三或第四，他們往往就陷入一個誤區，即比較的眼光僅僅局限於國內的競爭對手。而事實是：在全球市場的大擂臺上，它們的實際排名將令人遺憾地下降到第七或第八。

為了勸說經理們真正接受新經營戰略，威爾許對他們誠心相告：「我執掌過的各個業務部門中，有的排名第一或第二，有的則排名第三或第四。因此，我有了這樣一個奢侈的實驗室……在這個實驗室裏，有的業務部門成了市場的領導者，其它則是市場的追隨者。對我來說，排名第一的企業與其它企業之間有太多區別。排名第一的企業擁有很多優勢，其它企業則不可能擁有足夠的資源和能力參與這場興起自 90 年代的全球競爭大戰。」

某些觀察家批評：威爾許之所以把通用電氣限制在「數一數二」的頂尖標準上，是因為他不喜歡競爭。威爾許回答：「有些人說我害怕競爭，但我認為，身為一個商業人士，最重要的工作便是儘量遠避相互之間的爭鬥，選擇一個可以讓你達成目標的適當地位。其中，最基本的目標就是擺脫羸弱的積弊，去尋找一處無人能傷害你的避難所。因為一味打鬥下去不會有什麼好處。如果你進入這一角色，那麼你惟一的工作便是贏得勝利。一旦發現自己贏不了，就得趕快尋找一條撤退的出路。」

他決不容忍公司的任何員工阻礙自己新經營戰略的建立和貫徹。他心意已決，將徹底變革通用電氣，員工們除了接受新的遊戲規則之外，已沒有任何其它選擇。

這場經營理念的大變革，也許就是通用電氣歷史上最大的一次變革。因為它意味著，從此時此刻起，一切衡量的標準都將基於業績。那些不符合新標準的業務部門，都將不得不面對即將到來的嚴重後果。

一個『兒子』如果經營失敗，公司也會拋棄它！

「數一數二」的經營戰略，對通用電氣來說，可以說是一場革命。這場革命必須克服它近百年的傳統：將自己的下屬企業看作孩子。即使它們經營失敗，母公司也不能將它們拋開不管。威爾許就是要改變這種規矩。通用電氣大家庭內部的新標準將是「工作成效」。一個「兒子」如果經營失敗，沒有達到第一或第二名，公司即會堅決拋棄它。雖然這樣做的結果將導致公司成千上萬的雇員失業，但他仍然認定，這個大規模的手術對公司是有益處的。再說，身為通用電氣的CEO，他的職責並不是使人人都感到高興，而是要為公司賺取盡可能更多的利潤。

不過，在實施「數一數二」經營戰略的過程中，特別是出售那些處於行業中第三或第四名的企業時，他還是遭到許多人的質疑。他們責問他：「有什麼理由要賣掉那些正在賺錢的業務部門？」他反駁道：事實上，我們只能這樣做，沒有別的選擇。他如是說：「假如你是市場上排名第四或第五的企業，你的命運就是：老大打個噴嚏，你接著就染上肺炎。只有成為市場上的老大，你才能夠真正掌握自己的命運。市場上的追隨者出現又消失，命運叵測。如果你在市場上排名第四並且那是你惟一的業務，那麼你的命運與這些追隨者相比，不會有太大的區別。因此，你們必須找到根本的戰略方法，讓自己變得更加強壯。當然，幸運的是，通用電氣確實擁有大量業界領導型的業務部門。」

當然，威爾許開始動手的前提是：通用電氣公司有太多鬆散雜亂的企業，從長遠的角度考慮，這些企業顯然不會成功。他立即著手，對通用電氣所有企業的長處和短處進行一項仔細的研究。他想要快速行動，但深知，第一年至關重要。

後來，在回憶當年的那場大變革時，他這樣說：「一開始，我的步子邁得不大。我的前任是我所崇拜的一位傳奇人物，而我卻要改變他所做的事。」

他認為，他最基本的任務是為公司贏取最大的利潤。為了達成這一目標，他不得不改變公司的不良形象，因為它是由幾百家經營性質不同、發展方向各異的企業所構成，這樣的形象無法在變化的市場爭勝。他感到，公司需要一個精力集中的新組織機構，以改造自己的形象。他預言說，美國企業界在 80 年代的主要敵人是通貨膨脹，它將導致全球性的增長遲滯。這將意味著，在競爭行列裏，位置居中的產品銷售商和服務商將沒有存在的餘地。必須發現並參與真正能產生增長的工業門類，並在每一種所參與的行業裏爭做第一或第二名，才能在這種增長緩慢的環境中獲勝。

決心已定的威爾許決定對通用電氣公司下屬的企業進行改組，淘汰掉那些老式企業，重點扶持具有市場競爭力的企業，通過與其它大公司的合併，擴大生產規模，降低生產成本。為了實現改組的目標，威爾許立下規矩：從今往後，各個事業部門都必須力爭做到各自領域裏的第一或第二。對於那些不能適應市場的變革速度，逐漸衰落的事業部門，通用電氣的做法只有一個：關閉或者出售。

這是一個非常大膽的舉動，具有高風險。對威爾許而言，這不僅僅意味著他將堅持對通用電氣進行調整，以適應新的市場環境，也意味著通用電氣必須找出在當代劇烈競爭和變革的市場環境下的生存之路。為此，他明確要求，通用電氣旗下的所有業務部門都必須做到相關領域內的第一或是接近第一的位置。

在商場上談論成為數一數二，的確令人印象深刻。但是，通用電氣真的準備好剔除那些不再賺錢的老生產線嗎？

威爾許將帶領通用電氣走向何處？他如何克服通用電氣由於古老的傳統與悠久的歷史所蘊育出的強大惰性呢？對於如何解決這些問題，通用電氣的新 CEO 早已胸有成竹。

不言而喻，威爾許「數一數二」經營戰略的實施標誌著通用電氣的一個重要轉變。因為威爾許的行動必然涉及通用電氣下屬的一些傳統的業務部門，而人們對這些部門已經傾注了許多感情，很多人已經為之奉獻了幾十年。

在出售通用電氣的家用器具部門時，引發了一場「令人難以置信的危機」。威爾許平生第一次收到了來自員工的憤怒信件：「你究竟是什麼人？如果你連這種事都做得出來，你還有什麼事不敢幹 ?!」

威爾許反駁道：「過去並不意味著什麼。並不能因為那是過去的行為方式，它就將永遠存續下去。通用電氣將不會再有對每一項業務、每一個員工的畢生承諾。如果你的業務不能獲勝，通用電氣將不再歡迎你。誰也不能例外！」

儘管充滿疑慮和恐懼的員工不斷反對，威爾許仍舊堅持他的想法。有人私下竊笑說他發瘋了，認為他急功近利，事實上公司根本不需要他的改造。有人則懷疑他的品格，認為他不過是想否定通用電氣的過去罷了。

對於這些攻訐，威爾許絲毫不放在心上。「力求最頂尖的位子！」這就是他的回答。他痛下抉擇，決定出哪一個事業值得栽培，哪一個不值得。

此後，不到兩年，他共出售了 71 項業務和生產線。特別是出售八年前由前任首席執行長雷格・瓊斯購買的猶他國際分公司，更是給通用員工帶來莫大的心理震蕩。

威爾許之所以敢冒著對其前任「大不敬」的惡名，毅然出售猶他國際，是因為之前出售中央空調業務部門的成功。

通用中央空調業務部門規模並不大，只擁有 3 家工廠和 2300 名員工，盈利也十分有限。儘管該業務部門設在通用電氣的中心地帶，但它實在不能與通用電氣的其它任何業務部門相比——它的市場佔有率只有 10%，根本無法掌握自己的命運。而且，由於市場份額低，中央空調業務部門根本不能獲得好的分銷渠道及獨立的承包商。他們只能把通用電氣品牌的產品賣給地方上的小分銷商，由他們負責安裝。結果，用戶把安裝過程中出現的問題以及對安裝服務的不滿，全都傾倒在通用公司的帳上。

這裏還有一個威爾許與美國前國務卿享利·季辛吉的小故事。一天，季辛吉的太太南茜發現家裏的一種通用電器壞了，於是要他打電話給通用電氣當時的董事長瓊斯。

「修理東西嗎，享利？沒問題，我馬上派人去。」

電器修好了，南茜很高興。季辛吉自然也高興。

過了幾年，那個電器又出了毛病。季辛吉再次打電話給通用電氣的老闆。這時已是威爾許當家。這位前任的美國國務卿仍然使用他過去對付以色列的梅爾、敘利亞的阿塞德時操弄的那種圓滑的外交辭令。

「傑克，你介不介意幫助南茜解決她的那點小問題呢？」他說話的語調彷彿意味著，東西方關係又出現緊張狀態，他正在努力化解。

威爾許顯然有點不耐煩。「享利，」他說：「我就幫你這麼一次！但是，下不為例。因為，我不希望你把我當成是隨叫隨到的客服中心經理。」

1982 年年中，威爾許把中央空調業務部以 1.35 億美元的價格出售給特蘭尼公司。該公司在空調業務市場上佔據主導地位。這樁交易，對通用和特蘭尼來說，是一個雙贏的局面。

出售交易完成一個月之後，威爾許和空調業務部門的總經理有過一次電話聯繫。這位總經理非常愉快地告訴威爾許，他現在感覺好極了，已經完全沒了在通用旗下時那種「孤兒」的感覺。

這位總經理的話更加堅定了威爾許出售猶他國際的決心。猶他國際是通用旗下一家盈利能力很強的公司，主要經營礦產資源，在美國、日本和智利都有它的業務。

但是，猶他國際的盈利狀況起伏不定。這就嚴重干擾了威爾許追求持續性增長的經營理念。而且，他感覺到了猶他國際未來的難題，因為它的主要市場是煉製冶金焦炭的原料——焦煤，這種市場已露出蕭條的狀態。

因此，他決定出售猶他國際。但它是瓊斯在任時非常得意的一筆大交易，而且成交不過 4 年時間。他首先通知了瓊斯。他不希望因為出售猶他國際太快而顯得對前任不夠尊重。

雖說尋找買主的過程異常艱難，但天無絕人之路。副董事長柏林・蓋姆發現，最理想的購買者應該是澳洲的斷山專營公司（BHP）。

但是，由於交易本身的規模以及地理上的原因，與 BHP 的談判進行得相當麻煩，持續了好幾個月。猶他國際的總部在舊金山，它的資產卻遍布全世界，而 BHP 的總部是在墨爾本。像任何一筆大交易一樣，談判過程總是起起伏伏。經過一番艱苦的工作，雙方在 1982 年 12 月中旬達成了明確的意向。

但是，猶他國際是個大攤子，BHP 的財務狀況卻使它難以一口吞下這個龐然大物。為了適應 BHP 的財務能力，通用電氣只好把猶他國際的業務拆分開來，包括把美國石油天然氣生產企業萊德石油從猶他的資產中拆出來。這樣一來，BHP 終於能夠在財務上接受這項交易了。在 1984 年第二個季度結束之前，BHP 把拆分後的猶他公司以 24 億美元的現金價格買了過去。

六年後，也就是 1990 年，猶他國際的最後一塊資產——萊德石油也被以 5.1 億美元的價格出售了。

烤麵包機與 CT 掃描器之爭

按照「三個魔圈」的標準，任何與威爾許關於未來的發展前景不相吻合的業務部門都將面臨被淘汰出局的命運。超過 1/5 的事業部沒有通過他這一關。通用電氣放棄了 117 種業務和產品，包括煤礦、半導體及備受通用人鍾愛的家用器具業務。與此同時，通用電氣另外購買了價值 160 億美元的資產。

在擔任通用電氣公司的 CEO 前後，威爾許曾經有將近 6 年的時間關注於通用電氣的家用器具業務。他發現這是一項「雞肋」業務。蒸汽熨斗、電烤箱、吹風機及攪拌器等等都不是什麼激動人心的產品。但它們確實為通用電氣創造了昔日的輝煌，是這些產品使通用電氣的品牌家喻戶曉。問題在於家用器具業務與他所設想的未來的發展不相吻合。在他看來，通用電氣不可能指望靠這些小家電業務使公司壯大。而且，來自亞洲、特別是日本的進口產品還將強烈地衝擊這個市場。美國生產商無一不受到成本居高不下的困擾。進入這個行業的壁壘很低，零售商的相互聯合使現存的任何一個品牌的忠誠度都在日益下降。

通用電氣公共關係事業部的副總裁喬伊斯・赫根漢說：「我們的實力會在諸如小家電製造這類事業中削弱，因為你可能會研製出一種實用的新型電吹風機，而不出兩個月，整個中東地區的人也會研製出一種更為廉價的同類仿製品。通用的優勢是技術，是它的高科技研究力量，它的資金、實力……我們有能力動用上億美元、甚至數十億美元，花費幾年時間，研製出新一代的飛機發動機、汽輪機、塑膠製品、影像醫學設備。這類業務的共同特徵是：高科技含量、高開發成本、持久的生命力。」

因此，威爾許把家用器具業務劃到三個圓圈之外。

B&D 公司的消息十分靈通，他們不知從哪兒聽說了威爾許有意出售通用電氣的家用器具業務。B&D 自認為他們在電動工具方面的品牌實力很強，而且在通用電氣沒有進入的歐洲市場佔據優勢地位。他們的公司領導層雄心勃勃地計劃進入新的產品領域，並把目標鎖定在家用器具行業。

1983 年 11 月 18 日，B&D 的談判代表坐到了通用電氣的辦公室裏。談判進展得十分順利，幾個星期後，這項交易就完成了。

由於家用器具業務在通用電氣的獨特地位，考慮到通用人的「懷舊」情結，威爾許一開始對談判十分細心、謹慎。但這項談判中的交易還是被透露了出去，並且馬上在公司內部引起了一場爭論。

通用電氣公司的傳統人士，甚至連威爾許一向尊重的前 CEO 雷格．瓊斯也認為，在那些老百姓天天都要使用的家用器具上打上通用電氣的標識，為公司贏得了很大的好處。威爾許對此迅速做了一番調查，結果表明，情況恰恰相反。消費者願意選擇通用品牌的小型家電，如捲髮器或電熨斗，這當然不錯，但這項業務的出售對公司並沒有什麼大的影響。而且，在當時，那些大型的家用電器在消費者心目中佔有很高的地位。

雖然與 B&D 的談判進行得相當順利，但通用電氣內部卻早已掀起軒然大波。對通用電氣的員工來說，那是一次最令人痛心的「敗家」行為，放棄生產烤麵包機、電熨斗和電風扇，無異於變賣公司財產的「敗家子」。

小家電製造業多少年來曾經是通用的傳統產業。人們質問威爾許：「你怎麼可以拋棄小家電事業？那是通用電氣的根基哪！是這些產品使通用電氣公司在這片土地上家喻戶曉。它是公司的核心部分。任何時候，只要一位家庭主婦把一台通用烤麵包機、咖啡壺或蒸汽熨斗放在家裏，通用電氣的名字就在那裏，肯定會為公司積累起這一品牌的知名度……」

通用電氣的傳統人士幾乎異口同聲地大聲喊道：「不作電熨斗和烤箱，我們還是通用嗎？」

對此，威爾許反駁道：「在 21 世紀，你是停留在烤麵包機的生產上，還是選擇生產 CT 掃描器呢？」

反對的人不吭聲了，因為誰都知道生產烤麵包機與 CT 掃描器的發展前景絕對不一樣。傑克·威爾許是正確的，只不過他們的心裏總是有那麼點不舒服罷了。

決心已定的威爾許開始大規模將資源投入醫療設備發展計畫中針對原子磁力共振的研究。這種新科技可取代傳統的 X 光透視——「CT 掃描器」。這個計畫共耗費了 40 億美元。通用電氣公司為保持在這領域的領先地位，不惜花費 1.3 億美元，擴充它的電子研究室。

拓展自己的思維，不要只滿足於在小範圍「稱雄」

「數一數二」戰略已成為傑克·威爾許的招牌經營戰略之一。直到今天，它在通用電氣開拓業務時，一直佔居最重要的地位。1999 年初，威爾許在談到它時說：「我想留給後人全球化的、能夠勝出的業務。」也就是說，他想留給繼任者一個在其市場上處於領導地位的公司組合。他已經踐了約，因為通用電氣在他的執掌下，已成為眾多關鍵市場上的頭號選手。

儘管「數一數二」經營戰略在 20 世紀 80 年代的通用電

氣公司中起過非常明顯的作用，但隨著時間的推移，到了90年代中期，通用電氣管理層在實施這一戰略的同時，也開始審視它的有效性。這自然引起威爾許的關注。他發現了它存在的弊病及自身的局限性。

通用電氣的某些經理急功近利，想成為業界的領導，於是開始在「市場」的定義上做文章，越來越趨向於限定一個狹窄的市場，以保證在該市場上，自己達到「數一數二」的目標，從而確保自己的領導地位。也就是說，他們為了保住自己的地位，寧可在小範圍裏當頭，也不想在大市場中「屈居」老三。

威爾許承認：「我一直倡導的數一數二經營思想具有很大的制約性。人們都意圖將自己的市場界定得很小，以保證其處於數一數二。但對於通用電氣來說，把市場範圍定義得越廣，對公司越有利。」

從理論上說，對於通用電氣公司，市場定義得越廣泛越好。但許多人為了保證自己的部門在同行中的「老大」地位，卻故意把市場界定得相當狹小。在這種情況下，「數一數二」已經流於形勢，起不到威爾許當初提出它的作用了。

通過狹窄的視角看待一個市場，有助於標榜自己「數一數二」的地位。舉個例子說明這一點：通用電氣的電力設備部門專門負責大型電力設備的開發與製造，其主要針對的對象是大型發電廠——這也就是電力設備部門對自己所面對之市場的定義。

但在現實中，電力設備部門對市場的這一定義忽略了一個主要的細分市場，即增長越來越快的小型分散式發電站市場。通用電氣根本沒有針對這一市場的任何產品，因為在最初定義電力設備部門所面對的市場時，早已將其「忽略不計」了。

這就意味著，通用電氣不生產任何小型的電力設備，即便是市場上存在著強烈的用戶需求。而在大型發電站的電力設備市場上，電力設備部門「穩居」市場老大的位置。

威爾許下決心變革通用電氣定義市場的方法，力圖使它的覆蓋範圍更為廣泛。1996 年，新版的「數一數二」經營戰略正式推出。有意思的是，這次戰略修正的始作俑者並不是來自任何一家公司，卻是來自賓夕法尼亞州卡萊爾的美國陸軍軍事學院。當時，在克羅頓維爾舉辦了一個管理課程研討班。威爾許鼓勵他們為實現 1000 億美元的目標拿出更多新的主意。這個班的負責人是蒂姆．理查茲。為了激勵班上的成員創新，他起草了一個計畫，把研討班的課程與陸軍學院上校們的課程合併。因為他瞭解到，軍隊的戰略使命發生了重大轉變，從過去對付冷戰轉變成適應新的世界形勢。在新形勢下，美國軍隊要準備應付數十場來自世界遙遠地方的小規模武裝衝突。

蒂姆認為，這種課程合併是個交流的良機：「有時，恰恰是那些無意中得到的想法最後發揮了巨大的作用。」

在 4 天的交流中，一位上校告訴班上的學員，通用電氣的「數一數二」經營戰略可能會對公司產生阻礙作用，壓抑公司的成長機遇。他說：「通用電氣有眾多高智商的管理人員，這些人足以聰明到把他們的市場定義得非常狹窄，狹窄到他們可以穩穩當當地保住『數一數二』的位置。」

按照慣例，這個班把他們在克羅頓維爾的學習體會及各項建議向 1995 年 6 月的公司管理會議做了彙報。但是，威爾許當時剛剛做完心臟手術，正在恢復身體，因而沒有聽到他們的彙報。直到 9 月份，該班的幾個學員來到費爾菲爾德，威爾許才從他們嘴裏瞭解到相關的內容。

學員們製作了 8 個示意圖，其中一個圖的內容就來自那位上校敏銳的洞察力，清楚地演示了如何重新定義市場份額。在圖上，學員們推薦了一個「思維定式變革」的方案。他們認為，通用電氣需要對現行產品市場全部重新定義，從而使得沒有一家企業的市場份額超過 10%。這樣將迫使每一個人以全新的態度看待他們的企業。

威爾許覺得學員們的建議和自己一直在想的問題真是不謀而合，心裏一下子豁然開朗。他坦率地告訴他們：「我喜歡你們的想法！」

事後，威爾許深情地回憶說：「將近 15 年中，我一直不斷地強調在每一個市場佔據『數一數二』位置的重要性。現在，這個班的學員卻告訴我，我的基本理念之一阻礙了我們的進步。在一個定義狹窄的市場上佔據很高的份額，這樣一件事給人的感覺應當是相當不錯的，而且從圖表上看來，自己似乎也滿偉大的。但是，學員們是對的：我們被現行的戰略束縛住了。這也再次證明，任何官僚主義都會把你所追求的任何美好的事務統統搞砸。」

「由下而上」產生的這一修正思想正好和威爾許想把更多的服務擴展到各類事業部裏的思想相吻合。他愉快地接受了學員們的思想，並在兩周後的高級管理年度會議上的發言中，闡述了對「數一數二」經營戰略的修正：「要做到這一點，你們必須睜開自己的雙眼，盯住每一個發展的機遇。也許，我們對『數一數二』或『整頓、出售或關閉』的強調束縛了你們的思維，限制了你們的視野。不過，每一家公司都要重新定義自己的市場範圍，給出一到兩頁的『嶄新思考』，並在 11 月份的第二次業務計畫回顧會議上把它們提交上來。」

通過這種更廣闊的市場定義，通用電氣不但擴大了市場份額，而且帶出了新的產品和服務市場的機會。1981 年，通用電氣自己定出的市場範圍是 1150 億美元，而新經營戰略進入的市場範圍竟高達 1 萬億美元。舉例來說，通用電氣公司以前只為本公司的發動機提供配件與服務，從 1997 年開始，它不僅為本公司，也開始為其它需要此類服務的一些企業提供服務和配件。另外，在醫療系統方面，通用電氣過去衡量市場份額只考慮造影設備市場，現在則用整個醫療診斷設備市場進行衡量。

總之，經過修正的「數一數二」經營思想使通用電氣在奪取關鍵市場時顯得更具進取性；而且，通過放大自己的思維，它贏得了更多的業務。

一般來說，當宣布自己在一個特定的市場上是勝利者時很容易自滿。但市場的變化永不停頓，重新定義市場會不會使通用電氣在市場中實現「數一數二」的目標變得更難呢？

克羅頓維爾學院的負責人史蒂文·科爾據此評價說：「『數一數二』背後的思維是對的。你可以設定價格和市場標準，不用擔心受到威脅和被超過。在今天的大多數市場中，許多老闆都是這樣做的。戰略給了我們主導市場的能力。但是，如果你把市場定義得更廣闊一點，你會變成第四或第五。我不知道怎麼改變這一現實。」

的確如此，電力部門的排名便由舊的市場定義下的第一下降到新市場定義下的第三。然而，威爾許始終堅持市場定義擴大化的做法。他對通用電氣繼續保持領先地位充滿信心，認定通過更加積極努力的工作，完全可以在新市場中佔領更大的份額。當被問及他對電力事業部在重新定義的市場中居於第三甚至第四有何感想時，他充滿信心地回答：「我們不這樣認為。只要我們構建起自己的優勢，我們依然會獲得成為市場霸主的機會。」

創新經營實戰之三：
追求量的突破

縱觀通用電氣公司的歷史可以看出，它向來崇尚自我發展。在通用人心目中，併購外面的公司，而不是靠自身的發展達到成長，似乎並不是一件光彩的事。然而，對於傑克．威爾許來說，如何不斷「培育」通用電氣成長最快的業務才是最需要考慮的核心問題。他已來不及考慮公司所謂的神聖傳統！只要從外面併購業務對公司的發展有利，能夠達到成長的目的，他就會毫不猶豫地推行併購戰略。

對此，他解釋說：「我們的規模使我們能夠花費上億美元，投資於雄心勃勃的大項目。如世界上推力最高的 GE90 噴氣式發動機，還有世界上最高效的 H 型氣輪發電機。我們的規模使我們可以每年在醫療影像診斷的每一個方面推出至少一種新產品，可以花費成億美元開發塑膠的新用途，可以在不景氣的情況下繼續投資於某項業務，或者年復一年，每年進行 100 多項收購。我們的規模允許我們這樣做，因為我們知道，我們不必事事都求完美。我們可以去做更多的冒險，因為我們知道不是凡事都能成功。這一切都是因為我們的規模——不僅不會像人們一般所想像的那樣阻礙革新，反倒能夠使我們採取更多、更大的行動。我們做不到槍槍命中。關鍵是，我們的規模允許我們可以有幾槍脫靶——它無損大局。」

當然，併購並非簡單地擴大規模！對公司的盈利有所貢獻才是威爾許所追求的最高目標。至此，併購那些能夠增加公司盈利的業務便成為威爾許式公司文化的新特徵。

身為通用電氣的 CEO，傑克．威爾許不僅對兼併方式的這些優點了然於胸，而且非常精通關於兼併的種種玄機。

因而，他的購併招術運用起來得心應手。1985 年的美國無線電併購案和 2000 年的霍尼韋爾併購案，可謂威爾許帶領通用電氣走出平凡，脫胎換骨，成為卓越公司的重大舉措。

併購美國無線電公司

1985 年，在產業結構調整進入第四年之際，通用電氣公司非常明確地將組織分成核心事業、高科技事業、服務業三大領域的 15 個事業單位及支援性事業。把收入來源的中樞——服務、採掘原油所獲得的資金，用來支撐加速高科技化之所需。

威爾許給通用電氣制定的終極發展策略在於結合資訊與金融服務。以高科技部與通用金融公司為中心而形成的服務事業部門即為最明顯的例證。它分別扮演「半導體」和「商社」的功能。然而，威爾許並不滿意。他說：「我們努力了半天，生產力增加了四、五個百分點。但是，美元卻升值了 10 ～ 15%，通用電氣公司的產品在國外市場的競爭力反而被削弱了。我們增加生產力的努力每邁出一步，匯率的變動卻使我們倒退了兩步。」

這種說法並非毫無根據。1981 ～ 1985 年，通用電氣在國外市場的銷售額從 43 億美元下降到 40 億美元。美元升值的負面影響是一個非常重要的因素。

幾年來，威爾許始終千方百計地尋求能夠使通用電氣的體制脫胎換骨的路徑，極力要把他建設通用電氣的宏大構思付諸實踐。20 世紀 70 年代中期的一次參觀日本某製造廠的行程，堅定了他的這一決心。

當時，通用電氣與日本橫川醫療設備公司建立了一家合資企業。威爾許去參觀位於東京郊外的橫川製造廠。參觀過程中，他被超聲波探測器車間的情景震驚了。他發現，裝配完成以後，一個工人解開襯衣，在自己的胸部抹了一些油膏，然後拿超聲波探測器在自己身上試測，迅速完成了質量檢查。接著，下一環節的工人——還是同一個人——把產品包裝好，送到成品倉庫。

同樣的事在日本的其它行業同樣存在。他們極力壓低成本，嚴重衝擊著美國的各行各業。

為了因應來自日本的殘酷競爭，威爾許一直想找一個避開競爭的行業，以增強通用電氣的實力。食品行業首先進入他的視野。在他看來，每個人都要吃飯，美國農業又佔居世界的領先地位。但評估了幾家食品公司後，得出來的數字令通用電氣無法接受。製藥行業亦是如此。

廣播電視行業頗具吸引力。這一行業受到政府保護，而且現金流量十分大，有助於加強和擴展通用電氣的業務。

考克斯廣播公司首先進入威爾許的目標範圍。但由於種種因素，未能成功。

1985 年春天，時代華納正在努力進行對哥倫比亞廣播公司（CBS）的收購。CBS 董事長湯姆．懷曼準備讓通用電氣參與進來。不過，由於後來懷曼擊敗了時代華納的威脅，通用電氣對 CBS 的收購也就不了了之。

但這一點動向並未逃過華爾街的眼睛。在併購專家菲利克斯．羅哈金的介紹與撮合下，威爾許結識了美國無線電公司（RCA）董事長索恩頓．布萊德。和威爾許一樣，布萊德對來自亞洲的競爭也很憂慮。他也力圖成為行業中數一數二的角色，此時正考慮 RCA 的戰略選擇問題。

雖然第一次會見只有短短一小時，而且雙方誰也沒有提及具體的交易問題，但兩人早已是心知肚明。會談之後，威爾許心裏明白，他買定了美國無線電公司。

如同通用電氣一樣，美國無線電公司也是聲名顯赫。多年來，它已成為全美最著名的公司之一。1926 年，美國無線電公司旗下的國家廣播公司（NBC）正式宣告成立；1930 年，它挺進唱片業；同時，它還是第一家營銷家用電視機的公司。

特別是美國無線電公司和通用電氣公司的國防事業部門可以相輔相成，其屬下的國家廣播公司正向北美三大電視網排名第一的目標邁進。更重要的是，美國無線電公司主要利潤之源的這兩個部門並沒有外來競爭的問題，只要管理上再做有效的調整，就能讓它們成為源源不斷的生產現金的機器。

當然，最讓威爾許感到滿意的是美國無線電公司的國防事業和國家廣播公司。通用電氣公司和美國無線電公司在國防業務方面似乎是天生的合作夥伴，前者在飛機發動機及雷達導航系統方面是市場霸主，後者則可以提供精良的電子儀器和巡洋艦導彈發射器。兩家公司合併，就可以使通用電氣在國防合作方面的競爭力得到強化。對此，威爾許充滿樂觀地說：

「兩家經營狀況良好的公司合而為一，它們將發揮良好的互補性。這兩家公司的國防業務將可以發揮『綜合效力』。甚至在消費性電器事業上，儘管經營環境困難，也必將產生效益。而且，國家廣播公司已在三大電視網中排行第一。」

就在威爾許與布萊德第一次見面後的第二天，通用電氣的收購行動即進入實質性階段。威爾許首先成立了一個負責收購的工作小組，小組成員包括首席財政官丹尼斯·戴默曼和業務開發部的負責人邁克·卡彭特。威爾許給這個工作項目命名的代號為「島嶼」。

「島嶼」成員的第一項工作是研究 RCA。之後，在是否採取下一步行動的問題上，小組成員進行了認真的分析。

對通用電氣而言，收購 RCA 並不只是把眼睛放在廣播電視業務方面，還有更多的東西值得關注。通用電氣有一個規模不大的半導體公司，RCA 也有；通用電氣有航太業務，RCA 也有；通用電氣生產電視機，RCA 也生產。如果合併成功，在這些業務領域，雙方都將變得更加強大。這當中，威爾許最關注的仍是 RCA 旗下的國家廣播公司（NBC）。儘管 1985 年 NBC 的信用等級很高，但有線電視網正逐步侵蝕它的市場。不過，即使在最壞的假設下，NBC 仍然值得收購。

就這樣，小組成員經過詳細研究，大家一致認為：RCA 的交易可以進行。

1985 年 12 月 5 日，威爾許與布萊德在中間人促成下，再次見面。簡單地寒暄之後，雙方直入正題。威爾許的出價是每股 61 美元。這個開價已高出當時 RCA 的股票市值 13 美元。經過一番討價還價，會談結束，雙方約定繼續再談，但價格未能敲定。

沒想到，事情出現了一個小小的波瀾。

原來，RCA 旗下的 NBC 對於通用電氣成為新的母公司反應十分強烈。NBC 的經理們擔心通用電氣會插手新聞業的經營。威爾許讓他們放心，他保證 NBC 新聞的獨立性將會繼續維持。

NBC 的主播湯姆．布羅考承認，最初他聽到這個消息時，心裏一沈。他認為通用電氣公司都是一些工程師和會計師，他們是另一世界的人，不是傳統上的傳播公司。

即使威爾許給通用電氣帶來了新的能量、活力和方向，但人們一直都認為通用電氣是個與電器、發動機等產品緊密相連的完完全全的製造商。

布羅考說：「轉變觀念是很難的。他（指威爾許）是個真正有效率觀念的傢伙。我知道這家公司還有相當多財務上的麻煩。我們現在幹得還不錯，但我想，還有很長的路要走。」

美國廣播公司的員工很難接受威爾許將很快成為他們的老闆這個現實。他們心想：難道美國廣播公司的招牌、大衛．莎諾夫的嬰兒、美國廣播公司的吉祥物 Nipper 的家園，要歸到通用標識的名下嗎？

最大的險情來自 RCA 公司首席營運長兼總裁鮑勃．弗雷德里克。鮑勃曾是通用電氣公司的高級管理人，競聘雷格的職務失敗後，於 3 年前加入 RCA 並擔任首席營運長和總裁。1985 年，他成為 CEO，布萊德則留任董事長。原來布萊德事先沒有與鮑勃商量他和威爾許之間的會談內容。鮑勃知道這件事後很生氣，他感到公司在背著他的情況下被人出賣了。為此事，他與布萊德吵了一架，並率領了一些董事，在 RCA 的董事會上反對此項交易。

好在有驚無險。三天後舉行的 RCA 董事會以多數票通過了與通用電氣的併購案。1985 年 12 月 11 日，雙方達成共識，通用電氣以每股 66.5 美元收購 RCA，總金額為 63 億美元。有史以來，非石油行業規模最大的企業併購宣告完成。根據華爾街分析師的估計，美國無線電公司的價值每股 90 美元。這麼說來，傑克．威爾許不僅使通用電氣擴大了規模，而且做了一筆非常合算的買賣。

當時，通用電氣排名全美第 9 大公司，美國無線電公司則排名美國服務業第二。合併之後，新公司的銷售額達到 400 億美元，在《財富》500 強排行榜上名列第七，落後於 IBM 公司，但超過杜邦公司。

威爾許說：「這將是一家可以撼動全球市場的企業。」

興奮之餘，他這樣評價道：「這樁併購案的巨大成功似乎預示著一個好兆頭……我們所實現的是兩家真正的高科技公司的強強聯手，我們將因此取得更好的盈利，實現更遠大的目標。」

併購美國無線電公司的巨大成功，促使威爾許完成了對通用電氣公司的「第一次變革飛越」。從此，通用電氣成為一家全新的公司。

威爾許對新公司的前景非常樂觀。他堅信，收購美國無線電公司將極大地促進通用電氣進軍服務業和高科技行業，從而減少公司對緩慢增長的製造業的過多依賴。他雄心勃勃地向世人宣稱：「我們在所涉足的各個市場上，將具有與來自任何國家的任何企業競爭的技術實力、財務資源以及國際市場的大舞臺。」

併購完成之後，威爾許讓 NBC 成為一家獨立企業，但對 RCA 及其它與通用電氣公司具有互補性的業務進行了調整。這個過程甚至一直持續到 2001 年。

首先，他把 RCA 的非戰略性資產——包括答錄機、地毯和保險業務統統脫手。他不喜歡答錄機企業的文化氛圍，地毯業務對通用電氣也不合適，一個小保險公司同樣不值得保留。在交易結束後一年內，通用電氣就已經從 63 億美元的支付價款中回收了 13 億美元。

通用電氣公司在 RCA 交易中的第一個籌碼就是電視機製造業務。1987 年 7 月，通用電氣將它賣給法國的湯姆遜公司。作為交換，通用電氣除了得到湯姆遜公司的醫療設備業務外，湯姆遜還給了通用電氣 10 億美元現金和一筆專利使用費收入。這批專利權每年可以帶來 1 億美元的稅後收入。僅此一項收入，就比通用電氣電視機業務過去 10 年的純收入還多。通過交易，湯姆遜成了世界上最大的電視機製造商之一；通用電氣的醫療設備業務則在歐洲獲得了一個前沿據點，而且更加全球化，技術更加尖端。

1988 年 9 月中旬，威爾許以 2 億零 600 萬美元的價格，將半導體業務輕鬆出手給哈里斯公司。1992 年 11 月 23 日，通用電氣又以 30 億美元的價格，將航太業務出手給馬丁．瑪麗埃塔公司，一舉從威爾許不太喜歡的軍工領域中安然抽身。

這筆交易還有一個小插曲。當時因馬丁．瑪麗埃塔公司最多只能拿出 20 億美元現金，剩下的 10 億美元只好將公司 25% 的股份頂給了通用電氣。交易的成功使雙方繼續受益，不僅使馬丁．瑪麗埃塔公司的規模擴大了一倍，並引發了航太業大規模的併購浪潮。兩年後，馬丁．瑪麗埃塔公司與洛克希德公司合併。1994 年，通用電氣把所持有的馬丁．瑪麗埃塔公司股票全部出售，一下子得到了 30 億美元，又大賺了一把。

與馬丁．瑪麗埃塔公司、哈里斯公司的交易以及與湯姆遜公司的交換之所以能夠成功，是由於威爾許擁有從 RCA 得來的籌碼。在航太、半導體及電視機製造行業，公司合併能夠產生很大的規模效益。這是個關鍵因素。

通用電氣公司最後一筆與 RCA 有關的交易直到 2001 年才完成。他們把 RCA 的衛星通信業務併入了通用資本服務公司，這樣可以更迅捷地滿足此項業務對資金的巨大需求。通用電氣建立了一家很強的衛星通信公司，拓展了 RCA 最初的業務範圍。公司擁有 20 顆衛星，每一家有線網路都與它接通，覆蓋了 480 萬個家庭。然而，儘管通用電氣是美國最大的固定衛星提供商，這項業務卻還不夠全球化。

在通用電氣公司 2000 年 7 月的長期計畫研討會上，通用資本服務公司的 CEO 丹尼斯．內登提議：通過收購其它公司，擴張這項業務，或是把這項業務賣給其它公司。二者必選其一。丹尼斯給出了一個尋找併購夥伴的戰略，最後與SES 公司進行了談判。SES 是一家盧森堡公司，擁有 22 顆衛星，覆蓋 8800 萬個家庭。通用電氣把自己的衛星出售給它們，總金額是 50 億美元，現金和股票各一半。這項交易使通用電氣在新的 SES 公司擁有 27％的股份，並使這家公司成為一家真正全球化經營的企業。

併購 RCA 交易的成功給予了通用電氣一個巨大的電視網、一家國際化的醫療設備企業、一家佔據重要地位的全球衛星公司，以及數十億美元的現金——所有這一切都來自1985 年那 63 億美元的最初投資。

一夜之間完成的超級「飛越」

儘管傑克．威爾許非常喜歡那些能夠實現「飛越」的創新經營思想，但是，只有在真正能夠對通用電氣產生巨大影響並符合他的創新經營理念時，他才會考慮以相應的戰略去實現這樣的飛越。因此，在領導通用電氣的 20 年中，除了併購美國無線電公司那一次「飛越」之外，他實際上很少去實踐「飛越」式的經營戰略。2000 年秋天，適逢他打算退休之際，他突然發現，另一次絕好的「飛越」時機——對霍尼韋爾國際公司的收購就在眼前。而且……它似乎不容錯過。

2000 年 10 月 19 日，星期四，威爾許在紐約證券交易市場上首次聽到關於聯合技術公司（UT）打算併購霍尼韋爾的消息。當時，他的第一個反應是又驚又氣：「我幾乎癱軟倒地。我瞅著股票行情收報，看到霍尼韋爾的股票攀升了近 10 美元。」他恨不得立馬把霍尼韋爾收到通用電氣旗下。

「我的第二反應是問我自己：『我該怎麼辦？』我對自己說：『先回家吧！我得好好想想。』我清楚地記得，當時已是星期四深夜 4：30（其實已是星期五凌晨）。整個晚上，我把自己關在屋裏觀看相關的錄影帶，腦子裏只有一個想法，我必須在本周六晚之前敲定與霍尼韋爾的併購。也許你會問，太快了吧？的確如此。如此快速的決策，就我而言，也是少有的經歷。但是，我別無選擇。我，還有我們整個團隊早就看準了霍尼韋爾。很早以前，霍尼韋爾便已是我們每個人每天都必須關注的對象了。我不能眼看著它被別人拿走！」

的確如此，早在年初，威爾許等人就看準了霍尼韋爾。霍尼韋爾坐落於新澤西州的莫里斯頓，主要涉足的領域包括飛行器系統、電力及交通產品，尤其在化工產品、家庭保安系統及樓宇控制系統等領域擁有非常雄厚的實力。威爾許認為它對通用電氣再合適不過了。霍尼韋爾的業務能對通用電氣的飛機引擎、工業系統和塑膠這三個主要領域給予補充。雙方在產品層次上也沒有重疊。比如，霍尼韋爾在生產小型商用機引擎上佔有領先地位，而通用電氣則在大型引擎方面具有顯著的優勢。

威爾許下定決心：霍尼韋爾志在必得！一切就緒，通用電氣將開出更好的價格。是時候了。

事後，他為這樁來得突然的霍尼韋爾併購案解釋道：「其實，我並不是特意在我即將離任的最後 90 天或是 5 個月內，預謀進行某樁巨大的併購決策，並以此顯示自己。只不過，當我們把一些資料放在面前時，我們覺得我們能夠實現這樣的併購。自我們上一次審視市場狀況到現在，市場已經發生了很大的變化。上次我們預計兩家公司的併購需要付出約 670 億美元，而現在，大約只需要 350 億美元便可完成。」

當天晚上（即 10 月 19 日晚），在飛往紐約，趕赴阿爾．史密斯的晚宴途中，威爾許便開始試圖通過電話，與通用電氣公司董事會的成員賽・卡斯卡特聯繫，提醒他進行收購霍尼韋爾的準備，並讓丹尼斯・戴默曼帶一隊人於第二天早上到紐約辦理可能的收購事宜。

10 月 20 日星期五早晨，威爾許在他設在紐約的辦公室與他的顧問團召開會議，開始商討併購霍尼韋爾的相關事宜。當時，參加會議的那些來自費爾菲爾德的顧問剛剛走下接他們前來的直升機。

就這樣，戲劇性的一幕拉開了。人們不禁暗自揣測：傑克・威爾許還有時間成功地提出給霍尼韋爾的開價嗎？即便他能夠開出合適的報價，霍尼韋爾董事局會放棄聯合技術公司而選擇通用電氣嗎？

時鐘嘀嘀答答，一分一秒地滑過。併購案牽連到的各方都在緊張地行動著：霍尼韋爾董事會正與其董事會主席兼首席執行長邁克爾・邦西格諾舉行會談，商議聯合技術公司的最終報價；而傑弗里・博西及併購專家道・布朗斯汀則正穿越兩條街區，匆忙趕往傑克・威爾許位於洛克菲勒中心的辦公室。

這一天，霍尼韋爾董事會似乎已準備投票，表決是否接受聯合技術公司的開價。

同一天早上稍晚，威爾許致電邁克爾・邦西格諾，確認這位霍尼韋爾的董事會主席正出席公司的併購會議，並得知霍尼韋爾即將接受聯合技術公司的開價。通用電氣剛剛才開始的併購計畫會不會太晚？是否存在什麼扭轉乾坤的辦法？

威爾許決定再次致電邦西格諾，直接告訴他，有萬分緊急的事需要立即面談。

威爾許本人及通用電氣公司，甚至在美國歷史上，很少就如此巨大的併購案採取如此快速的行動。但是，他堅信，併購霍尼韋爾能夠給通用電氣帶來巨大的利益，必須全力一搏！

邁克爾·邦西格諾的祕書在接到威爾許的電話後，急忙走進位於新澤西州莫里斯市，霍尼韋爾總部的董事會會議室，悄悄地告訴邦西格諾，傑克·威爾許正拿著電話等著。

邦西格諾非常明白，此時此刻接起威爾許的電話，將意味著霍尼韋爾與聯合技術公司併購案的複雜化。他心想：必須先弄清楚董事會成員的想法。

「接傑克·威爾許的電話。」董事會全體一致同意，因為誰都想使生意更划算，往自己的兜兒裏多劃拉點錢。

邦西格諾拿起電話。他告訴威爾許，他正在出席公司的董事會，大家正準備就併購案進行最後表決。

「等等，等等！」威爾許急促地說：「我想，聯合技術公司給了好價錢，但我知道我們能給得更多。」此時，由於媒體的報導，威爾許已經完全掌握了聯合技術公司的報價。

邦西格諾要威爾許馬上把報價傳真到霍尼韋爾。威爾許立即在紙上親筆寫下了報價，迅速傳真給邦西格諾。

聯合技術公司被告知通用電氣對霍尼韋爾的開價後，經過慎重考慮，決定放棄與通用電氣的競標大戰。至此，局勢明朗，通用電氣已完全掌握了這樁併購案的主動權。

10 月 22 日，星期天，通用電氣董事會正式簽署了併購霍尼韋爾的決議。

10 月 23 日，星期一，通用電氣正式對外宣布，將以 484 億美元的價格收購霍尼韋爾，包括霍尼韋爾的股票和相關債務。

同時，威爾許發表併購演說，聲稱：「收購霍尼韋爾，將使通用電氣當前的每股淨收益獲得高達兩位數的增長；併購之後，霍尼韋爾的首席執行長邁克爾·邦西格諾以及其他兩位霍尼韋爾的高層領導將加入通用電氣董事會。」

有人提出質疑：通用電氣為什麼不考慮併購一家高科技

公司，反而選擇霍尼韋爾這樣一家被認為是舊經濟模式的公司？威爾許非常認真而嚴肅地回答了這個問題：「我對這個問題的答案涉及到我們究竟怎樣看待霍尼韋爾？高科技公司不一定必須帶上『.com』的帽子。真正的高科技公司是這樣的，它們擁有強大的基礎產業和雄厚的技術力量，因此，它們能夠採用新興的高新科技——例如電子商務，從而獲得高度的發展和公司自身的全球市場化。我們所做的正是兩家真正的高科技公司的強強聯手。我們將因此獲得更為豐厚的報酬，實現更為遠大的目標；我們也將採用電子商務作為有效的工具，從而幫助我們更快地實現我們的目標。『為什麼要收購一家舊經濟模式的公司？』我想，這恐怕是我一生中聽到的最愚蠢的問題了！」

他強調，他的經營目標始終不改變，仍然是致力於使通用電氣成為全球最傑出的企業。他說：「在收購霍尼韋爾之前，我們已經成為全美最受人尊敬的企業。但是，我們依然面臨挑戰，那就是如何保持我們所取得的成績，並在更大的範圍內獲得領先的優勢。」

隨著通用電氣與霍尼韋爾併購案的廣為人知，越來越多出人意料的消息也接踵而至。首先，威爾許居然願意把 10 月 20 日星期五晚上與妻子一起共用的那頓溫馨的私人晚餐公之於眾。接著，為解除霍尼韋爾董事會對他 2001 年 4 月將離任的重重顧慮，他向他們保證，他將把任期延續到 2001 年年底，以便於兩家公司的充分融合。

後來，威爾許告訴外界，他要繼續工作的念頭第一次於腦中浮現，是在 2000 年 10 月 20 日的上午，與通用電氣的副董事長丹尼斯．戴默曼探討霍尼韋爾併購案的會議上。當時，他致電霍尼韋爾的董事長邁克爾．邦西格諾，後者正出席公司關於聯合技術公司併購霍尼韋爾的最後表決會議。邦西格諾告訴他，公司的某些董事對他將於 2001 年 4 月離任的計畫表示擔憂，因為屆時必將引起通用電氣股票的下挫，而如果霍尼韋爾同意併入通用電氣，霍尼韋爾的股東們將因此受到損失。他反應很快，馬上回答道：「我並沒有打算退休呀！」

由此，他意識到，如果他在一年前完成這樁併購案，情況將會好得多。當然，如果是 18 個月前，情況會更好。這樣的話，他便用不著改變自己的退休計畫了。但是，現在才是收購的最佳時機呀！因此，面對霍尼韋爾的擔憂，他做出了最快的反應。

威爾許本已打算逐步退出通用電氣的管理事務，霍尼韋爾的併購案突然改變了他「完美」的計畫。10 月早些時候的一次會議上，他已經面對 150 名通用電氣的管理高層做了一次充滿感情的告別演講！而現在因霍尼韋爾併購案，將使他不得不延期退休。

有人據此懷疑，併購霍尼韋爾是傑克·威爾許預謀已久的花招兒，因為這樣一來，他便可以繼續留在通用電氣了。這種輿論深深傷害了威爾許。但是，他仍一如既往地堅持著：「這並不是那種老套的故事：某個老傻瓜不願離開他的位置……千萬不要這樣演繹這段故事，因為這實在是太愚蠢了！在我的文件裏，我把這樁併購案稱為『B』，並在旁邊加註一個長長的破折號……我們為什麼不借鑒以往併購案的經驗呢，例如美國無線電公司併購案以及其它上千起類似的兼併案？在兩家公司融合的早期離開公司將是一件愚蠢的事，尤其是在管理層職位交接的階段。這便是我將繼續留任到 2001 年年底，而不是 2001 年 4 月的原因，而且也是惟一的原因。」

儘管退休計畫推遲，威爾許仍然決定在宣布併購霍尼韋爾之後，盡快指定通用電氣的下任董事會主席兼首席執行長。這將有助於繼任者能夠以充裕的時間做好接手的準備。

把霍尼韋爾融合到通用電氣並不是一件簡單的事。自從美國無線電公司併購案之後，通用電氣再沒有兼併過如此龐大的企業了。更何況，霍尼韋爾兼併案本身遠比美國無線電公司的併購案巨大得多、複雜得多。

威爾許領導下的通用電氣一向青睞於對中小型公司的兼併，因為這樣能夠快速將它們整合到通用電氣的業務之中，並能夠在短期內為公司帶來盈利。以 1999 年為例，通用電氣便完成了 125 樁此類兼併案。霍尼韋爾併購案則大為不同，它耗資 484 億美元，相當於每股 55 美元，是威爾許領導下的通用電氣其它所有兼併案總耗資的 50%。

併購霍尼韋爾之後，威爾許出現在新聞發布會上，宣稱:「每一位叫過我『中子彈傑克』的人都應該向我道歉。你瞧，通用電氣雇用的員工遠比當年我剛剛上任時要多得多！」

威爾許預計，霍尼韋爾併購案會得到一個很好的結果，那就是實現了兩家公司多領域的優勢互補，例如工業系統領域、塑膠材料領域、電力領域及航空領域等等。通用電氣甚至會採用「通用電氣－霍尼韋爾」作為某些產品的新商標。

他認為，併購霍尼韋爾意義非凡，因為兩家公司在90%的領域內形成互補。「事實上，我們已經採取的每一項行動，都避免了產品的重疊。所以說，雖然是 90%雷同的市場領域，產品卻是互補性，而非重疊性的。我這樣說，決不是為了取悅那些對併購存疑的人。我所說的只不過是個事實罷了……一個在每樁併購案中，人人都希望得到的良好結果。」

通用電氣與霍尼韋爾的併購案堪稱歷史上最大的行業併購案之一。它也是執掌通用電氣 20 年間，傑克．威爾許操作過的最大併購案，而且其規模遠比其它併購案都要大得多。此舉不僅使得通用電氣本已巨大的飛行器發動機市場和相關服務業市場佔有率翻倍，也使得通用電氣的工業控制系統市場、塑膠材料市場及化工產品市場的佔有率大幅度提高。併購霍尼韋爾之後，威爾許領導和發展了 20 年的通用電氣會更為巨大，也更加強壯，不論是從其銷售收入或淨盈利上講，還是從其雇員總數上說。

霍尼韋爾併購的決策速度是如此之快，不到 24 小時，威爾許便決定邁出這巨大的一步。的確是「飛越」性的一步。威爾許本人也因為這樁併購的成功而激動萬分——為通用電氣的第二次「飛越」而激動。至於那些認為威爾許只是想賴著不走的無聊人士，他給予了幽默的反擊：「不用擔心！我肯定不可能有機會每個季度都能找到 500 億美元的併購案。所以，要找到再待一年的藉口，實際上並不容易。」

| 第二章 |

創新經營魔法：「在龐大的公司身軀裏安裝上小公司的靈魂和速度。」

傑克．威爾許語錄：

小公司是無所不知者，與市場聯繫得更緊密。小公司行動快速，它們更瞭解市場上猶豫不定的代價。因此，通用電氣必須去做，而且是以小公司雷厲風行的行事速度去做的事，就是在通用電氣龐大的身軀裏安裝上小公司的靈魂。

傑克．威爾許指出：想在一個競爭日趨激烈的世界中生存，像通用電氣這樣的超大公司，必須停止像大公司那樣行動和思考問題。它們應當：精簡機構、增加靈活性，並且像小公司一樣考慮問題。「我們不得不找到一種方式，將大公司的雄厚實力、豐富資源、巨大影響力同小公司的發展欲望、靈活性、精神和激情結合起來。」

20 世紀 80 年代，威爾許宣稱，他要將小公司的靈魂注入通用電氣「龐大的軀體中去」。他想要所有世界上最好的東西。他明白通用電氣的規模優勢，但他也深知，除非通用電氣的員工保持一種企業家精神，否則公司絕不可能做到盡其所能。他說，小公司是無所不知者，與市場聯繫得更為緊密。它們因經驗而深知「猶豫」是如何使它們在市場上受損。他感覺到，在通用電氣，他的首要任務是權衡公司的「大」，以及營造一種「人們能夠實現夢想」的環境。

因此，他的目標是將通用電氣盡可能精簡，使它像小公司一樣反應快速、行動敏捷，從而在市場上立於領導者的地位。

創新經營實戰之一：「管理越少，成效越好。」

「管理越少，成效越好。」這是威爾許的一句名言。

20 世紀 50 ～ 70 年代，美國的企業經營管理非常接近於軍方的發號施令體系:「司令官」下達命令，「士官」和「士兵」負責執行。指令源自上層，下級只是聽從命令，然後遵照執行，沒有任何協商的餘地。通用電氣自然也不例外。並且，它的這種發號施令體制還成為美國工商界的典範。

無論是通用還是別的企業，管理者的職責主要是監視、督導和控制。管理者就是要管理——確保他們的下屬正確地工作。他們從不與基層員工對話；只要經常看看報告就足夠了。結果，高級經理們整天沈浸在文山會海中，從而失去了與現實的聯繫，基層人員根本沒有展示自己潛能的機會。

直到 80 年代早期，由於美國企業仍然充當著全球最強大之經濟體的發動機，大多數美國工商業領導者依然自滿於他們眼前的利潤，甚至傲慢到根本不想察覺潮流的變化，認為他們的經營管理很不錯，沒有必要進行任何調整。

1981 年 4 月，傑克．威爾許就任通用電氣董事長兼首席執行長後的所作所為，猶如在平靜的水中投入一塊巨石，在美國工商界掀起一場變革的風暴。威爾許鄙視那些歷史遺老，對那些官僚管理者深惡痛絕。他認為，如此發展下去，包括通用電氣在內的美國公司勢必遇到困難。如果這些公司真想度過經濟危機，他們需要更好、經驗更豐富的管理者。

《華爾街日報》記者曾就員工激勵問題採訪了威爾許。

威爾許用一個形象的比喻道出了管理的真諦：「你要勤於給花草施肥澆水。如果它們茁壯成長，你會有一座美麗的花園；如果它們不成材，就把它們剪掉。這就是管理者需要做的事。」

「我認為，一個領導人面臨的最大挑戰是如何激勵員工。這些年來，如果說我有什麼成功的地方，那就是我能激勵員工，讓他們實現他們的夢想，讓他們尋找更好的設想。更好的設想和做法肯定是存在的，問題只在於你必須去找。每天早晨醒來，你就得想著去找出更好的做法。」

那麼，在威爾許眼裏，什麼才是最好的管理方式？是緊緊控制還是無為而治？是盡最大可能地緊握大權還是放手讓員工去幹？到底怎樣做才算是合格的管理者？

對此，這位通用電氣的首席執行長這樣回答：「管理越少，成效越好！」

我不操作通用，我領導通用。

早在 20 世紀 70 年代中後期，傑克．威爾許就開始研讀管理大師彼得．杜拉克的著作。接任通用電氣 CEO 之後，透過雷格．瓊斯的介紹，他認識了杜拉克。在他看來，杜拉克是世上少有的「天才管理思想大師」，他所出版的管理書籍處處充滿著面向未來的真知灼見。

有些人認為，杜拉克的管理理論與威爾許在經營上所展現的具體做法似乎頗能相互印證。事實上，威爾許就是杜拉克所認為的那種「未來的經營者」典型。1988 年 1 至 2 月，杜拉克在《哈佛商業報導》所發表的〈即將來臨的新組織〉一文，即顯示出他們兩個人的經營管理理念極為契合。

杜拉克在這篇論文中強調，20 世紀的管理將進入第三個階段。第一個階段從世紀初開始，那些擁有工廠的大老闆開始把經營工作交給職業經理人。第二個階段從 20 年代開始，當時杜邦公司的皮爾・杜邦及通用汽車的阿弗瑞德把他們的公司調整為「指揮及控制」的組織，納入大量的計畫幕僚人員及計畫；這些工作的主要目的便是監控日益多元化且分權化的公司組織。通用電氣在 20 世紀 60 ～ 70 年代，把這種組織的精神發揮得淋漓盡致。

杜拉克說：「我們要邁入第三個階段了……由這種指揮及控制的組織，這種區分事業部門的組織，轉變為以資訊為基礎的組織。這是一種知識型專家所構成的組織。」按照他的說法，第三階段的組織有點類似一個交響樂團，各種樂器的專家集合在一起，由一位指揮統籌引導。這種組織的最大特點就是讓資訊能在組織內以最小的損耗和最有效率的方式流通，藉此達到快速決策的目的。

在某些方面，威爾許拆除部分通用電氣的指揮及控制系統，廢除一些管理層級的行動，就是杜拉克所說的「第三階段」的最好例證。威爾許想要創造的組織是高級主管可以有效地與組織內每一位成員進行溝通，與杜拉克所說的「以資訊為基礎的組織」不謀而合；而他希望組織裏的經理都是充滿自信，有專業能力、決策能力的人，又恰好與杜拉克所說的「知識專家」相吻合。

然而，有誰能想到，精通杜拉克管理思想的威爾許竟然非常不喜歡「管理」這個詞，甚至想把「經理」這個詞一併淘汰，因為它意味著「控制而不是幫助，複雜化而不是簡單化，其行為更像統治者而不是加速器。」

「某些經理，」威爾許說：「把經營決策毫無意義地搞得複雜與瑣碎。他們將管理等同於高深、複雜，以為聽起來比任何人都聰明就是管理。他們不懂得去激勵人。」

這是在貶低經理人員嗎？他說：「我只不過是不喜歡那

些刻意和『管理』結合在一起的怪癖傾向——如控制、抑制屬員，使他們處於黑暗中，將他們的時間浪費在繁瑣的雜務和無休止的彙報上。掐住他們的脖子，你無法將自信注入他們心中。你必須鬆手放開他們，讓他們成長，允許他們獲得勝利，然後論功行賞。『經理』這個詞太容易和控制劃上等號——意味著冷漠、守舊與毫無熱情可言。我從來不會將熱情與經理聯想在一起，卻幾乎在每位領導者身上都可以發現到它的存在。」

因此，儘管被人們讚譽為「世界上最偉大的管理者」，威爾許卻非常討厭「管理者」這個稱號，因為他不喜歡和「經理」聯繫在一起的「管理」這個概念。他更偏愛「領導者」這個詞。在他的觀念中，領導者是那些可以清楚地告訴人們如何做得更好，並能夠描繪出遠景構想以激發人們努力的那種人。他說：「管理者使公司經營各項活動變得遲緩，領導者則促進公司的業務平穩、快速地發展。90 年代的世界將不再屬於經理人員，而屬於那些熱情而有魄力的領導者。」

「過去的經理往往習慣於接受妥協，習慣於按部就班的思考模式。然而，這種心態正是養成自滿的溫床。未來的領導人將是主動提出問題，透過討論解決它們。未來的領導人決不會畏懼和現實抗爭，因為他們知道將在明日獲得群眾的心。」

他覺得，「管理者」這個詞的言外之意就是指這種類型的管理者：他們「控制而不是幫助下屬，善於把問題複雜化而不是簡單化，行事作風更有政府的官僚風範，而不像是在促進事情順利發展。」

對他來說，一個好的領導者遠不只是一個好商人，而是更多地與精力、激情及激勵能力等諸如此類的因素聯繫在一起。充滿激情的這一類領導者往往容易得到他的嘉許。對於理想中的領導者，他做過許多精闢的論述：

「他（或她）應有能力為他們公司的發展做出遠景規劃，而且思想與行動能夠統一起來。此外，他必須能夠向本單位的人清楚地傳達這個遠景規劃，並通過傾聽、討論，獲得一個可接受的共識。這樣，每一位成員就可以不間斷地履行這些共識，朝既定的目標邁進。」

「最重要的，好的領導者必須非常放得開。他們必須善於上下溝通，與人接觸；他們不會拘泥於禮儀，會與人們直率往來，讓人感覺到容易親近。」

「身為一個領導者，你不能成為一個中庸、保守，思慮周密的政策發射器，你必須具有些許狂人的形象。」

在威爾許看來，20 世紀 80 年代的通用電氣擁有的管理者太多，「領導人」卻很不夠。在 1982 年 10 月對費爾菲爾德大學的一次演講中，他說：「在 50 和 60 年代的高增長時代，企業需要的只是管理人。然而，到了 80 年代，增長成為奢侈品時，我們就需要真正的企業家、領袖人物。他們不能只是被動地獲得增長的機會，而是去創造增長。」

他認為，多年以來，「管理者」這個詞已被扭曲成製造、增加官樣文章，卻毫無價值的官僚主義者的代名詞。特別是無能的管理者更是如此，他們簡直是破壞企業的職業殺手。

因此，應該把真正的企業「領導者」與「管理者」區別開來：「領導者，譬如羅斯福、邱吉爾和雷根，具有清晰的思路和想法，善於激勵和指引人們把事情做得更好。相反，某些管理人員卻總是裹纏在雞毛蒜皮的小事情中，把簡單的問題搞得十分繁瑣。這樣的管理者往往把強詞奪理、自視清高、自以為是等作風與『管理』混同起來。他們根本不懂得激勵下屬的重要性。我很不喜歡『管理者』這個詞所隱含的這些特徵——控制員工的行動、禁錮員工的思維、封鎖員工的資訊、用一堆堆無聊的事和永無休止的報告浪費員工的寶貴時間等等。這樣的管理者早晚會壓斷下屬的脖子，對於樹立下屬的自信心則毫無意義可言。」

那麼，真正的公司領導者應該如何對待下屬呢？典型的威爾許式思路就是：「真正的企業領導者會賦予下屬充分發揮的自由空間，鼓勵他們自己發揮潛能，去『贏』、去獲得成就，並及時獎勵他們所獲得的成果。」

1992 年夏天，威爾許在一次講話中，明確提到了自己身為通用電氣超級大管家的工作職責：「我的工作就是：資金、思想等資源的分配和分發。是的，這就是我全部的工作。這其中，最重要的一項任務便是確保自己把賭注押對了人，並給予他們適當的資金去做適合的事。此外，我還必須保證自己能夠在事業部 A 或 B 之間自如地切換思路。我的工作絕對不是去搞清楚公司生產的壓縮機是否運轉正常，而是去激勵下屬，對他們提出挑戰性的問題。例如：我們是否應該自行開發這種類型的產品？或者，我們乾脆從義大利引進？在未來 5 年內，這兩種獲得該產品的方法各自具有什麼利弊？由我們自己製造這種產品如何？它的附加價值何在？在問完下屬這些問題之後，我將放手讓他們充分發揮，鼓勵他們發揮自己的潛能，而決不干涉他們的具體行動。如果行動計畫所涉及到的金額不超過 2500 萬美元，我決不過問錢的用途；我授權他們全權支配這筆錢。通用電氣每年都會拿出幾十億美元作為基金，分配給各個事業部門的各種項目。我記得，最近一年，我們為此所支出的金額是 20 億美元……」

他強調，一個好的公司領導者不會去操作一家公司。因為對管理者來說，「操作」不是正確的辭彙。「我不操作通用，我領導通用。」

他不可能親自參與冰箱設計和製造過程中的任何決策，

或是參與挑選NBC每周四的黃金時段該播放的節目：「我對如何製作出一部好的電視節目一竅不通，對於製造發動機也只是略知一二……不過，我知道誰會是NBC稱職的老闆。這就足夠了。我的工作就是挑選出最優秀的人才，並給他們提供充足的裝備和支持。這就是我全部的工作。」

威爾許經常說：「我向來不喜歡『管理』這個詞。實際上，真正的領導者從來不缺乏這種能力。」因為「管理者」這個詞總讓人聯想起控制等之類的詞語，總給人一種冷冰冰、漠不關心、迂腐守舊、缺乏熱情的感覺。

一名富有遠見的公司領導應該「創造一種氛圍，一種環境，一種機會，或是一種精神境界，使身處其中的每一位成員都能夠從中汲取充足的營養並受到教育，從而得到成長，提高自己的遠見和能力。這便是一個公司領導應該努力提供給員工的東西。如果你已經營造出一種環境，一種開放，人人都滿意，人人都願意同舟共濟的環境……那麼，還有什麼能夠阻止你獲得成功呢？人們常常問我：『難道你不怕失控嗎？你將無法衡量事情的好壞！』我想，對於這樣的環境，我們不可能失去控制。100多年來，通用電氣已經具備了所有衡量事物的準則，這些準則早已融入我們每個人的血液。你說，我們還會失控嗎？」

無能的管理者是企業的殺手，而且是職業殺手！

管理大師杜拉克讚譽威爾許是「本世紀最優秀的公司領導。威爾許身後留下的公司將成為日新月異的美國經濟的代名詞。」那麼，這位20世紀最傑出的CEO在經營管理上到底有什麼獨到之處，竟然令杜拉克這位管理大師中的「大師」如此讚譽有加？

原來，「經營和管理是一件很簡單的事。」這句極其簡單樸實的話是威爾許最具特色的「創新經營」管理思想。

對於自己的經營管理工作，威爾許說：「我的工作很簡單，就是為那些最好的機會找到最合適的人選，並把公司的資源配置到最合適的地方。簡而言之，就是傳達理念，分配資源，賦予下屬能夠自由發揮的充分空間。」

所以，一個好的經營管理人員應該做的是儘量簡化管理的複雜性，而不是用一堆堆無聊的事情和永無休止的報告浪費員工的寶貴時間。

美國《商業周刊》有一篇專門介紹通用電氣公司這位首席執行長的文章，文中引用了密西根大學管理學院一位教授的話說：「20 世紀有兩個偉大的企業領導人，一個是通用汽車的斯隆，另一個是威爾許。但兩人比較起來，威爾許又勝出一籌。因為威爾許為 21 世紀的經理人樹立了一個榜樣。」《財富》雜誌的評價更是一語道出全球眾多企業家的心裏話：「傑克．威爾許，恐怕就是他的時代裏，最為傑出的首席執行長了。」

每當威爾許推出新戰略，或是發表新看法，全球商界都會不由自己地豎起耳朵，專注聆聽，生怕錯過一個字。通用電氣公司的帕歐羅．費斯科甚至這樣說：「如果傑克有一天早上想倒立著走路，每個人也都會學他。」

身為通用電氣的 CEO，威爾許憑什麼具有如此非凡的號召力？全球的企業家又為什麼對他如此頂禮膜拜？一個最重要的原因便是通用電氣自從由他繼任以來，他的一個接一個創新的經營實踐懾服了大眾。另一個原因則是業內人士對通用電氣公司一直懷著尊敬和推崇之心。

大名鼎鼎的大發明家托馬斯．愛迪生是通用電氣的創始人。近百年來，通用電氣這家享譽全球的公司為人們提供了大量產品，從電燈泡到飛機發動機，從醫療成像設備到火車頭等等。

儘管威爾許更注重高科技和服務，而不是一味強調產品的生產本身，但是，從很多方面講，通用電氣仍然一直保留住其傳統的管理風格。

一直以來，通用電氣富有創新能力的產品線為它贏得了業界的尊敬，其快速成長的服務型業務也得到人們的普遍認同。與此同時，它的經營管理藝術也一直為人們所稱道。每當通用電氣推出新的管理戰略，美國業界便會同時出現大量的效仿者。

50 年代，通用電氣開始推行分權制。於是，分權制的潮流拉開帷幕。60 和 70 年代，通用電氣建立起嚴密而龐大的組織機構。於是乎，企業的大型化便成了全球業界公認的時髦優點。

傑克・威爾許領導下的整個 80 和 90 年代，通用電氣的經營管理理念再次為美國商界乃至全球樹立了典範。

更明確地講，威爾許摒棄了通用電氣的許多傳統觀念，並創建了一整套嶄新的經營管理原則。或者更確切地說，是一整套如何「拋棄」管理的創新原則：「管理越少，成效越好！」

威爾許對強調管理的傳統非常反感。他認為，大多數管理者都是在過度管理。這樣做的後果是導致官僚主義的懶惰與散漫。而這恰恰是大公司應當極力避免的。

成為通用電氣的首席執行長之後，威爾許就決定創造一種全新的管理模式。他發誓要埋葬大多數管理者所習慣的那種發號施令的管理體制。他很清楚，惟一能使通用電氣在這個日益激烈、複雜的商業環境中充滿競爭力的辦法就是改變它的管理者的行為方式。儘管他的這一想法與大多數管理者的習慣格格不入，他們也只能服從——做到更少的管理。

按照威爾許的思想，人們自然會發出這樣的疑問：難道管理人員不應該從事管理工作？如果管理人員不履行其管理職責，公司的業績和利益難道不會受到損害？誰能夠保證，員工們能夠做到百分之百的付出？誰來確保公司利益的最大化？誰又會關心和保證公司產品的高品質？等等。

其實，這一切，威爾許早已心中有數。他非常清楚，什麼才是對管理人員真正重要的，哪些則是精力的無謂浪費。

他真心希望，管理人員能夠管得越少越好，希望他們盡可能少地指導和監督員工，給予員工盡可能多的自由，盡可能把決策權下放到更低的層級。因為，過多的管理只會促成懈怠、拖拉的官僚習氣。他說：「無能的管理者摧毀工作。他們是企業，同時也是工作的殺手。」

通用照明事業部的負責人戴維·L·卡爾霍恩完全接受了威爾許關於領導區別於管理的觀點。他說：「管理，似乎就是比為你工作的人懂得多一些並對此祕而不宣，結果卻是完全限制了你的組織。我們每個人都只有一定量的個人能力去應付工作和實施變革。如果我用一半能力記住各類想法和瑣事，那我就幾乎沒有什麼精力去尋求變革和推進事業的發展了。這道理對於組織內部的每個人都適用。」

他發現，太多陳舊的管理風格充斥於經營活動中，同樣也充斥於通用事業中。「我們需要去除那些自以為是的傢伙頭腦中的不安全感。一旦你那樣做了，你就能鼓勵員工走出他們的世界，使他們不再受困於為經營而設立之界限的束縛。那時世界被打開了，讓他們走出封閉的盒子，走向更大的世界，擁有更多的玩具，感到更加興趣盎然——這就是它的全部意義。」

威爾許希望他的各級主管儘量使一切保持簡單：「領導者只要放開產量就行了。」

但是，這絕不是說，管理人員每天中午便能夠輕輕鬆鬆地離開辦公室去打高爾夫，將公司的事務拋在腦後。

絕對不是這樣！

他希望管理人員從事這樣的管理工作：為員工勾畫出工作的理念，並確保這些理念的現實意義。他決不希望管理人員去干預和干擾員工的獨立工作。

這就是「管理越少，成效越好」思想的精髓所在，也是典型的威爾許經營理念。雖然它看起來似乎有點不合情理，甚至有悖常規，卻是威爾許獲得成功的路途上最具生命力的經典思想。

說它不合情理，是因為沒有哪個管理者會願意拋棄「管理」，相反，他們希望能夠更緊密、更技巧地監督員工工作。

對於這些管理人員，威爾許仍然用他那簡單而樸實的語言告誡道：

管理人員應該放輕鬆些；
也讓員工們的神經放鬆下來；
讓他們自由地表現；
儘量少地管理地們；
最後你會發現，員工們精神振奮，生產力大大提高了。
管理人員惟一所要做的，就是站在一旁觀望。

也許你會覺得，「管理越少，成效越好」的思想雖然適用於通用電氣公司，卻不一定適用於你自己的公司。畢竟，通用電氣擁有如此龐大的組織和嚴密的機制，管理少一些，不一定會出亂子和惹什麼麻煩。而你的公司與通用電氣截然不同，「管理越少，成效越好」的原則也同樣適用嗎？

對於這個問題，威爾許的建議可謂直截了當：「不論你是大型企業的管理人員，還是中型企業的中層領導，或是……任何類型的管理人員，你的一個重要的管理職責就是：盡快停止干預和打擾下屬工作的一切行為。」

因為你的下屬絕對比你想像的要聰明和有智慧得多，只管信任他們好了。身為一個公司經營者，想要效率好，那就千萬不要再偷偷窺視下屬的工作。創造條件，使他們能夠盡可能避免受到官僚主義的阻礙和傷害。那麼，你的公司離成功也就不遠了。

做自己最該做的事！

身為掌管著通用電氣這個有 13 個獨立的事業部門的商界巨人，威爾許不可能具體管理諸如通用資本事業部或 NBC 這類價值數十億美元的公司：「那是荒唐的！我做不到。但是，我明確知道我的工作。我的工作是理解每一種業務經營上的戰略要點。我清楚他們為贏得市場所應具備的才智和他們需要的資金數量。我敢打賭，因為我知道我已獲得足夠的資訊，可保證我能賭贏。」

1981 年底，威爾許在紐約的皮埃爾飯店對華爾街的證券分析師發表演說，首次向公眾闡述了他打算對通用電氣所做的事：「如果能夠，此時此刻，我真的很想從口袋裏掏出一個密封好的神祕信封，裏面裝滿通用電氣未來十年將要實施的宏偉的戰略計畫。我想，這會是個向大家公開這樣的戰略規劃的極佳場合。但是，我不能，也不想那麼做，因為這樣雖然看起來似乎會呈現出非常理性、井井有條的戰略性和規劃性，卻會扼殺了通用電氣可貴的開放性思維和創造能力。事實上，能夠鞏固通用電氣諸多分權戰略思想和引導員工之創造性的，並不是什麼集中統一的核心戰略，而是集中統一的核心思想——一個簡單的，將帶領通用電氣順利地走過 80 年代，並將領導整個公司多元化戰略的核心理念。」

身為通用電氣的首席執行長，威爾許很清楚自己應該抓那些事關通用未來發展的大事，而不是整天陷入具體的經營運作之中。也就是說，身為掌舵人，他最主要的職責並不是依照某個按部就班的所謂「核心戰略」管理和領導公司，而僅僅是為公司設定幾個簡單明確的一般性目標，並給予員工最大限度的自由和創造性——當然，也包括責任感，去發掘任何市場商機。為什麼？他說：「我可不想在通用電氣的脖子上套上禁錮的枷鎖，雖然這樣看起來似乎會呈現出非常理性、井井有條的戰略性和規劃性，卻必然扼殺了通用電氣可貴的開放性思維和創造能力。」

為了充分發揮各級業務主管的創造力，他給他們設定的目標是什麼？「我並不設定目標。過去他們會確定一個目標，同時我也設定一個，然後我們再進行磋商。現在，我們不按他們是否達到預期目標決定他們的報酬。他們將完全按他們的進步取酬。他們瞭解這一點。在官僚作風盛行的公司，他們浪費了許多時間制訂預算。但那是白耗精力。世界正在飛速變化，我們無法承受官僚作風導致的時間延誤。」

威爾許很喜歡引用凱文．佩柏給《財富》雜誌的信，藉以闡述通用電氣的經營戰略。凱文．佩柏是通用電氣公司設在俄亥俄州伊利里亞市班迪克重型設備系統公司業務發展部門的主管。在他的這封信中，幾近完美地解釋了威爾許的創新經營戰略。

佩柏注意到這樣一本書，即 1883 年出版的，19 世紀偉大的普魯士將軍和軍事家克勞塞維茨的《戰爭論》。克勞塞維茨在書中寫到：「戰略不是什麼固定的方程式，諸多意外的因素或執行中的微小偏差，以及對手行動的不可控制等因素都會使一項看似天衣無縫的戰略計畫毀於一旦。」

19 世紀 70 年代初，老毛奇將軍率領下的普魯士軍隊把克勞塞維茨的戰略思想發揮到了極致，他們戰無不勝，相繼攻克了丹麥、奧地利和法國。佩柏進一步解釋道：「和敵軍首次短兵相接時，老毛奇的手下將領並不指望靠著某個一攬子的作戰計畫便能夠贏得勝利。相反，他們僅僅設定了一個最泛泛的目標，並強調去攫取那些不可預見的潛在時機的重要意義。戰略計畫絕不是一個冗長的行動計畫，而是戰略的核心思想隨著外界環境的不斷變化而不斷演變的結果。」

由此，威爾許意識到，他也應該採取相同的經營理念，以管理通用電氣。即：戰略必須不斷演變。它絕不是鏤刻在石頭上的座右銘。

他經常對人們說到一個基本思想：「你想獲得經營上的成功嗎？當然，我們大家都想。但是，決不要指望我能夠給你指出一條成功的大道。你必須在前進的過程中，根據現實，不斷調整和變革，敢於利用新形勢下出現的各種新的機會——而這些，都不可能事先學到。所以你不得不做的就是：不氣餒，努力工作，從頭開始。」

對於經營戰略而言，最重要的恐怕就是制定最簡單的目標。「千萬不要試圖設定一個詳盡的，包羅萬象、包治百病的遊戲方法。」也就是說，設定一系列宏觀的目標，並在公司價值理念的指導下，採取適宜的方法和方式實現這些目標，而不是制定包括所有業務的微觀目標。

經營和管理並沒有你想像的那麼複雜。你只要記住，千萬不要被細枝末節的小事所牽絆。也就是說，老闆最應該做那些真正屬於老闆該做的事，而不是越俎代庖，包辦下屬的工作。

威爾許在談到公司領導的「忙碌」與「空閒」時說：「有人告訴我，他一周工作 90 個小時。我會說：『你完全錯了！

寫下 20 件每周讓你忙碌 90 小時的工作，仔細審視後，你將會發現其中至少有 10 項工作是毫無意義的——或是可以請人代勞的。』」

相比之下，我們讚美「勤奮」而漠視「效率」，追求「數量」而不問「收益」，甚至很多公司的工資都是簡單地依據所謂「工作量」制定。

「勤奮」對於成功是必要的，但只有在「做正確的事」與「必須親自做」時，其意義才名副其實。我們不妨在「勤奮」之前，先問問自己：這件事是必須做的嗎？非得我親自做嗎？

那麼，在抽出時間與精力之後，我們應該幹什麼呢？威爾許的選擇是尋找合適的經理人員並激發他們的工作動機。「有想法的人就是英雄。我的主要工作就是去發掘出一些很棒的想法，擴張它們，並以極快的速度將它們擴展到企業的每個角落。我堅信自己的工作是一手拿水罐，一手拿著化學肥料，讓所有的事變得枝繁葉茂。」

那麼，威爾許在領導通用電氣這個龐然大物時，做了哪些「該做」的事？「公司組織中存在的一系列機制，保證我能夠及時瞭解公司運作的情況。我自己則常常在世界各地『周遊』，以便瞭解大家的想法和看法。我也會待在克羅頓維爾，與大家座談，並得到大家的反饋意見表。我還出席公司的執委會會議。在為期兩天的會議裏，來自公司各個部門的最高領導人將暢所欲言，共同探討公司的各項業務。我們當中沒有一個人是在經營和管理公司的具體業務。事實上，如果我企圖去經營和管理龐大的通用電氣，我一定會發瘋的。不過，一旦公司的經營和管理出現問題，我的嗅覺便會立刻通知我。」

創新經營實戰之二：「像小公司那樣經營！」

數十年來，美國企業的宗旨只有一個，那就是：發展、發展再發展。換句話說，就是「變大」。商界一般認為，「大」是企業的優點。就此而言，或許很少有一家企業能夠成長得像傑克．威爾許的通用電氣那樣龐大吧！

千萬不要誤以為大公司不可以像小公司那樣快速行動。當年威爾許所面對的通用電氣是如此典型的官僚體制，但他知道，他一定能夠慢慢地把小公司的激情和非正規的快速行事的作風灌輸到通用電氣的靈魂深處。就像你所看到的，他成功了！

威爾許認為：「小公司行動快速，它們更瞭解商場上猶豫所必須付出的代價。因此，通用電氣必須去做，而且是以小公司那種雷厲風行的行事速度去做的事，就是在公司龐大的身軀裏安裝上小公司的靈魂。」

他一刻也不停地關注著與通用電氣「變大」相伴而來的危機。他花費了大量精力，力圖把它改造得盡可能敏捷、快速，就像小公司那樣。通過管理層級的簡化，以及旨在調動員工積極性的充分授權，他實現了這一目標：

(1) 他剔除了那些有礙於通用電氣這架機器快速運轉的管理層級。
(2) 他取消了通用電氣第二和第三梯隊的管理層——即戰略事業單元和集團公司的管理層。
(3) 他推出「合力促進」計畫，以提高員工參與經營決策的積極性，進而營造一種類似於小公司的氛圍。

自從接手通用電氣，威爾許便一直強調通用電氣必須像小公司那樣快速行動。因為他明白，大規模的組織儘管可能具有種種優點，但它也最容易製造各種壁壘和障礙，從而減緩行動的速度。「規模會阻礙人們的行動，牽制人們的思維。」——這便是他創新經營理念的核心內容之一。

他把通用電氣這家巨型公司當成街邊的小雜貨店般經營，因為他覺得它們的道理——品質和服務、現金的周轉、瞭解什麼貨物暢銷、哪一種業務較好——都一樣。換句話說，在他的心目中，賣核電站與賣口香糖的道理是相通的。

那麼，小公司究竟具有什麼樣的特徵，讓威爾許這位超級經營大師如此著迷和垂青呢？

小公司裏，人人都是老闆！

威爾許明顯感覺到小而靈活的公司，才具有巨大的競爭優勢：

第一，小公司內部資訊的傳遞更為流暢。由於沒有官僚形式的喧囂和空談，內部成員既可以更順暢地發表意見，也能夠靜下心來聆聽別人的觀點。而且，由於小公司人員較少，彼此之間更能夠相互瞭解。

第二，小公司行動更加迅速。因為它的成員都很清楚，在市場上，任何猶豫不定，都必然要付出代價。

第三，小公司管理層級較少。因此，虛偽而隱蔽性的事物也較少。小公司的領導透明度更高，每個員工都能夠更直接感受到領導人的業績和影響。

最後，小公司浪費少。因為它們不會把時間花在沒完沒了的檢閱、審批、辦公室會議和文件報告等等上面。小公司人員較少，他們的精力「只能」更集中於那些重要的事務。同時，約束也相對較少，便於他們把精力直接投入市場競爭，而不必為那些玄妙難解的人事爭鬥傷腦筋。

威爾許喜歡小公司的單純、透徹，喜歡它簡單行事的風格，甚至喜歡它的「不正規」。在 1992 年度致股東的信中，他提出了他在哪些方面欣賞小公司：

「大多數小公司整潔、簡單、不拘禮節。它們因為充滿創業的激情而生氣勃勃，它們嘲笑官僚主義的笨拙與低效。你總能夠在小公司中發現一些絕妙的好主意——別管那些主意源自何處。小公司中，每個人的工作都很重要，甚至人人都是老闆，每個人都必須參與公司的經營與決策。小公司的獎懲完全根據對公司的貢獻。它們總懷有遠大的夢想，往往為自己設定『高不可攀』的目標——那種小幅度的增長和進步根本不能引起它們的興趣。」

另外，他也非常喜歡小公司中那種流暢的溝通與交流：「小公司中，員工能夠簡單、直白、充滿激情地爭論問題，而不是像大公司那樣，弄出一堆堆咬文嚼字的紀要和報告。『將其投入渠道』、『將旗升上去』（『將旗升上去，看看誰會敬禮！』即意指「試試看」的一種俗語）等等晦澀的詞句常常出現在這些紀要和報告中。最糟糕的是那些『限於禮貌』而羞於『直面世人』的『小心眼兒』、小花招兒，卻往往最容易出自那些大公司中的高層領導。」

「小公司中的每個人都十分貼近客戶，對客戶的喜好和需要一清二楚。這是因為客戶是否豎起大拇指，就意味著小公司明天是否能成為一家更大的公司——或者完全消亡。也就是說，客戶的態度直接決定了小公司的命運，既能促使今天的小公司變成明天的大公司，也能夠讓今天的小公司根本沒有明天。這就告訴人們一個非常簡單的事實：小公司不得不每天面對無情的市場。當它們行動時，動作必須快捷，因為它們的生存始終處於岌岌可危的境地。」

小公司中，每個人都很瞭解客戶；而對客戶的瞭解程度即是衡量公司業績的重要標準之一。威爾許常常把通用電氣與街邊的小雜貨店相比。他說：「如果你的公司因為太忙，以至於幾乎沒有人能夠真正瞭解它，那麼，你付出巨大的努力所培育的『大』公司，最終將徹底地將你擊垮和吞噬。」

像小公司一樣精幹的大公司

對通用電氣這樣一家超大型公司來說，像小公司一樣採取行動，看起來可能自相矛盾。因為任何一個滿懷雄心壯志的企業家都希望使自己的公司有所發展，規模更大。威爾許並不是反對規模大本身，而是希望通用電氣能夠避免大公司所存在的那些內在缺陷。大公司有著變成充滿官僚氣之廢墟的趨勢。它們前進得太慢了，考慮問題過於遲鈍。更糟的是，它們採取行動過於緩慢。

威爾許鍾情於小公司的精幹、快捷，但他也承認，大規模有其自身的優勢：「舉例來說，正是通用電氣巨大的規模，使得我們能夠投入上百億美元研製 GE90 噴氣式引擎、新一代的燃氣渦輪，以及採用正電子發射技術製造的成像診斷儀器等等——這些產品都需要多年的投資，才能夠開始回收成本。因為規模夠『大』，所以我們能夠在周期性的經濟波動中屹立；也因為夠『大』，我們才能夠大手筆地投入經費，研製新產品；還是因為夠『大』，我們才有能力每年投入 5 億美元，用於公司的教育系統，去培育公司各個層級所需要的人力資源——對於我們取得競爭優勢來說，這是不可或缺的重要一環。從國際市場上看，因為夠『大』，所以我們才能夠與世界上最優秀的公司或最大的國家結為同盟，並能夠在許多國家長期投資，如印度、墨西哥及新興的東南亞諸國等。還是因為夠『大』，我們才能夠拿出幾十億美元，長期從事那些可以滿足未來之需求的產品研發。」

通用電氣是一家規模龐大的企業，而市場要求組織必須簡潔。為了使公司持續快速發展，就必須克服公司規模和效率的矛盾；必須具有大型企業的力量，同時又具有小型公司的效率、靈活性和自信。企業必須在自由和控制之間取得平衡，但你必須擁有以前所想像不到的自由。

威爾許非常強調看似矛盾的正反兩面：企業的致勝之道需要具備龐大的力量與資源，也要具有初創企業的靈敏。他認為，想要在一個競爭日趨激烈的世界中生存，像通用電氣這樣的大公司必須停止像大公司那樣行動和思考問題。它們應當：精簡機構、增加靈活性，並且像小公司一樣考慮問題。

企業如果僅僅在規模上擁有優勢，絕對不足以應付當今全球性市場的殘酷競爭。所以，大公司也必須具備小公司的靈魂。「我們不得不找到一種方式，將大公司的雄厚實力、豐富資源、巨大影響力同小公司的發展欲望、靈活性、精神和激情結合起來。」威爾許說。

也許你會問，難道公司經營的目標不是成長再成長，盈利再盈利嗎？

一點不錯，任何一家公司的經營目標的確是盡可能地多盈利。但威爾許所說的與此並不矛盾，他只不過是提醒我們，在公司不斷成長變大的過程中，切勿丟掉小公司的諸多優點，更不要讓大公司的劣根性把自己擊垮和吞噬。

成長，變大，本身並沒有錯。只不過，在變大的過程中，應當給你的大公司安裝上小公司的靈魂，使你的大公司變成真正敏捷的大型組織，這樣才能屹立商界，長勝不衰！

在構建如小公司般的組織結構的過程中，威爾許毫不留情地斬除了通用電氣中不能夠帶來附加價值的管理層級，取消了那些找不到存在價值的部門經理的職位。如果你的公司也如同當年的通用電氣一樣，害上大公司流行的「水腫病」，那麼你也不妨試試威爾許的經營藥方，再造你的企業，把那些有礙公司快速行動的管理層級、邊界和壁壘、繁瑣的審批程序等等，統統拋得無影無蹤，徹底從你的身邊清除掉。

那麼，如何做才能使大公司像小公司那樣靈活敏捷呢？威爾許這樣說：「大公司只有一樣優勢，那就是它的規模。但特別注意，應該去使用它，而不是一味地去管理。大公司要做的工作就是勇敢地衝出去，採取行動。你不可能每回必勝，但你必須鼓勵每個人行動。你不能坐在那兒，光想著如何管理你的大公司。觀察一下那些陷於困境的大公司，你可以看到它們竭力去組織，派很多人去管理規模。我認為，關鍵是怎樣利用你現有的東西。規模小，你可以利用它的靈活性；規模大，你也要利用它，而不是去管理它。」

永遠不要坐著不動！

不斷改變自己，改變公司，是這個時代的兩大挑戰。身為主管者一定要改變自己。他們必須學習新技能，使自己更稱職，跟上時代的快速發展。

公司也要改變。停滯不變的公司只會走向死亡。

威爾許就是個人和公司的變化大師。他從來不坐著不動；他所領導的企業也一樣。

《華爾街日報》評論道：「威爾許可以花一天時間參觀一家工廠，然後跳上一架飛機，小睡幾個鐘頭，再重新開始工作。在這段時間，他也許會停在愛達荷的太陽巷，就像他自己所說的那樣，『瘋狂地滑五天的雪！』」

充沛的精力是做重大工作的必備條件。若認為威爾許成功的祕密只在於工作量，那完全是一種錯誤。精力充沛的意思並非跑得更快或工作更努力。每一個人都可以一天工作16個小時。這個世界上充滿努力工作，為了目前的工作，置未來的健康和家庭生活於不顧的主管。那麼，如何分配時間和如何激勵別人更為重要？數量不再是競爭的優勢，質量才是最重要的。

把效率提到最高，比把工時拖到最長好得多。灰嶺管理學院的菲爾・賀格森估計：傳統的經理人大約只用到他們真正能力的 40%。他們花 10% 的時間，非常有效率地做重要的事，用 30% 的時間取得可靠性以使那 10% 確實有效。剩下的時間都花在做不重要或未必會產生他們所期待之結果的事情上。

經常集中做重要的事才是聰明的。威爾許正是這樣。身為通用電氣的 CEO，他所倡導的「聰明地工作」有以下幾個特點：

每一天都不一樣，每一天都是挑戰。威爾許喜歡問：「誰沒有新點子了？」他常說：「如果你從來沒有新點子，不如辭職。我們每天起床，都有一大堆機會。如果你經營一家資產達 700 億美元的公司，你會做很多錯事，而可加以改善的事簡直不計其數。我們要改善的事，隨著時間，愈來愈多，而不會減少。」以這種非常積極的態度來看，什麼事都可以改善和解決。而且，這種態度確實有效。

剝掉外層。領導人必須不斷地向更深處挖掘。他們必須剝掉外層，尋求問題的本質。主管要不斷找出問題，加以解決，然後再尋找另外一個問題。威爾許受過工程師的訓練，他擁有打破砂鍋問到底的精神。

熱愛你的工作。如果你真的覺得你的工作很重要，這對你的工作大有幫助。你的工作必須讓你感到重要。為什麼威爾許在做過三次手術之後，還要繼續替通用電氣工作？為什麼艾斯納在心臟病發作之後，還繼續主管迪士尼？對這些領導者而言，金錢的激勵很有限。億萬富翁不太關心薪水是否會準時入帳。並非他們認為金錢的報酬不重要，只是其眼界已經超越了狹隘的金錢。

好好生活。威爾許有一次說：「我花了足夠多個鐘頭才把這件事做好。」他不是那些不斷號稱每天工作 23 小時，只睡 5 分鐘的主管。當然，嘴上不說，並不表示他沒有花很多時間工作；只不過長時間工作沒什麼了不起罷了。當然，威爾許除了通用電氣之外，還是有他自己的生活——一種很平凡的生活；對他這樣一個有錢有勢的人來說，可說是相當平靜的生活。這聽起來似乎有點奇怪。可他就是這樣。真是精明之極！

創新經營實戰之三：「速度、簡單化與自信。」

「成功屬於精簡敏捷的組織。」因為這樣的組織具有「最少的監督、最少的決策拖延和最靈活的競爭。」

通用電氣非常講究速度、簡單和自信。傑克·威爾許相信，自信可以使複雜的問題簡單化，而簡單的程序可以保證快速應變。用他一貫主張的速度原則表述便是：最少的監督、最少的決策拖延和最靈活的競爭。

威爾許認為，「精簡」的內涵首先在於內心思維的集中。他要求所有經理人員必須用書面形式回答他所設定的 5 個策略性問題（1. 現在市場看起來如何？ 2. 競爭對方在做什麼？ 3. 你最近做了些什麼？ 4. 即將會發生什麼？ 5. 你的致勝行動是什麼？）。扼要的問題使你明白自己真正該花時間去思考的到底是什麼；而書面形式則強迫你必須把自己的思緒整理得更清晰、更有條理。其次，是外部流程的明晰。他要求為各項工作勾畫出「流程圖」，從而能清楚地揭示出每一個細微步驟的次序與關係。

對於速度，威爾許常用「光速」和「子彈列車」加以描繪。他堅信：只有速度足夠快的企業才能繼續生存下去。對於自信，他給予了極大的重視，甚至把「永遠自信」列入美國能夠領先於世界的一大法寶。

傑克．威爾許，這位通用電氣的首席執行長一直強調速度、簡單及自信的重要性：「正如速度屬於簡單一樣肯定，簡單是根植於自信的。」這是他在 20 世紀 80 年代的三大關鍵殺手。在 1995 年給股東的信中，他提到速度和簡單的重要性以及它們是如何影響通用電氣的所作所為：「簡單的資訊，傳遞得更快；更簡化的設計，面市得更快，而且減少凌亂，可允許更快的決策。」

20 世紀 80 年代末至 90 年代初，威爾許開始為通用電氣的未來發展構建藍圖。其實，在這一過程中，他不知不覺中也為美國大型企業的發展開出了一劑良方。1989 年 9 月，他在對執委會的各事業部總裁發表的一次談話中提到：

「當前，我們可能犯的最大錯誤就是誤以為只要比 20 世紀 80 年代多花點心思，便足以贏得 90 年代的勝利。我必須說，這種想法錯了。美國企業的生產力雖然在 80 年代得到了大力提高，卻依然落後於日本。而同時，世界性的市場競爭演變得越來越激烈和複雜。80 年代初期，日本還是我們最主要的勁敵，而今天，歐洲、韓國和臺灣已成了我們新的競爭對手。你瞧，變化的速度多快呀！」

「那種對 80 年代奏效的、追求『硬體』解決方案的做法，早已證明不足以應付 90 年代的市場競爭。那麼，應該如何獲得 90 年代新的市場形勢下的競爭優勢呢？關鍵就在於公司『軟體』方面的培養和改善，而企業文化便成為這其中的核心驅動力。」

據此，威爾許給通用電氣開出了只有三個詞的藥方：速度、簡單化與自信。

不要穿著水泥鞋跑步！

威爾許明白，小公司害怕官僚主義所有與之相聯繫的一切。小公司的雇員必須時時刻刻行動迅速，否則就會落入與大公司一樣的陷阱。他指出，速度是市場競爭中不可或缺的要素，而且是最重要的一項要素。

講求「速度」（Speed）的最大好處就在於促使人們面對面快速地進行決策，從而避免了長時間沒完沒了的紙上談兵。速度是「競爭力不可分割的組成部分」。威爾許說：「速度使企業——和員工保持年輕。它極具吸引力，正是我們需要著力培養的濃厚的美國風格。」

威爾許對企業行動迅速的關注，在他職業生涯早期就開始了。當時，他正在通用塑膠事業部工作。他手下的一名雇員經常帶他回家去見自己的妻子，一起吃晚餐。他們無所不談，建立起純真的友誼。那是 60 年代的事了，但威爾許覺得這種哲學任何時候都適用。

在整個 80 年代，威爾許都在竭力宣揚小公司在速度上的優點：「由於更好的客戶反響和基於生產周期縮短的更大的生產能力，速度快帶來的不只是直接的商業利益，還有更大的現金流量、更高的盈利能力，以及更高的市場份額。」

速度使人興奮，充滿活力，「這在商業界中尤為正確。在這裏，速度推進思想，使業務流程突破功能性的障礙，在衝向市場的洪流中，將官僚主義和它們所帶來的阻礙統統掃到一邊。」

他還注意到，公司似乎遵循著一種可以預見的生命周期。剛開始，新公司為進入市場的緊迫性所苦惱。在這樣一種環境中，官僚主義很難找到立足點——就好像冰不可能在快速流動的水流中形成一樣。但是，隨著公司的成長，環境日益舒適，它們優先考慮的東西產生了變化：從速度轉向了控制；從領導轉向了管理；從贏得勝利轉向了保住它們已擁有的東西；從為客戶服務轉向為官僚主義服務。

「我們開始建立起層層管理層，使決策制定的過程變得平穩，並控制這種成長。」威爾許說：「它所做的一切就是使我們放慢速度。我們在企業的部門之間設置障礙，這創造出地盤主義和封邑主義。」為此，他極力強調速度會給通用電氣帶來不同的樣貌：「速度不快，你就不能獲勝。你必須讓產品更快上市，更迅速地從客戶處獲得反饋；你必須快速做出決策。如果你的區域性觀念太強，管理層次太多，那就像在冷天穿著六件毛衣出門，你的身體並不知道氣溫是多少。」

由於在他領導的通用電氣，速度被視為基本的優點，他和他的同事把以創紀錄的速度完成交易視為榮譽的象徵。在談到 1989 年通用電氣如何僅僅用了三天的時間就完成了與英國著名企業 GEC 聯盟的案例時，他總是充滿自豪。因為這筆交易在醫用系統、電器、電力系統及輸電與控制等四項業務上提高了通用電氣在歐洲市場的份額。

史蒂夫・科爾是從學術界來到克羅頓維爾培訓中心。在成為該中心的主管之前，他曾是南加州大學商學院的副院長，後來又作過密西根大學管理學的訪問教授。他坦率地承認，剛開始他很不習慣通用電氣的快節奏。「在南加州大學，你不可能在不到一年的時間裏準備一門課。但是，在通用，人們的態度是：『工作，讓工作繼續下去！』在通用，決策者必須當場做出決策。我們發現，的確有 10% 的決策是錯誤的，但這並不壞。人們的感覺都是：『做點什麼，它可能就是正確的決定。』」

在諸如開設一門管理學課程這樣的小決定，以及像獲得奧林匹克轉播權這樣更大的決策上，威爾許都很為自己能讓通用公司像小公司一樣迅速行動而自豪。他說：「速度是開放性組織的產物，巨大的能量以及讓其他人充滿活力的能力是我們關鍵的品質之一。讓所有人都參與進來，快速行動。如果你不能很快做出決策，不能很快讓每個人都參與其中，就證明你並未擁有我們所需的那種品質。只會做一名能力出眾的管理者是遠遠不夠的，你還必須振奮大家的精神，讓他們行動起來。」

通用資本事業部是一家典型的像小公司一樣思考和行動的企業，其首席執行長加里・溫特將他所擁有的 330 億美元的企業當作一系列在某個市場細分區擁有獨特之優勢的小公司般經營。他在康乃狄格州斯坦福德總部的人員少而精幹。

溫特說，他希望各部門的領導者與客戶在一起，而不是同他在一起。因此，各部門的主管都密切地貼近他們的市場，專注於他們最瞭解的那部分業務。

正是由於專注的範圍較窄，通用資本事業部的業務人員可以清楚地瞭解哪兒會盈利、哪兒會虧損，及時進行調整，從而保持企業始終像小公司那樣靈活、敏捷。

對於通用電氣這樣的巨型公司，如何在充分發揮規模大這一優勢的同時，克服大公司的通病？威爾許這樣說：「在你成長的時候，不要忽略了小公司所提供的優勢，以及它們能比更大的對手做得更好的地方。當你正在成長的時候，不要讓大公司所擁有的特點阻塞了你的道路，淹沒你、壓垮你，就好像那個穿著水泥鞋的跑步者。讓你的企業成長，但是盡可能將小公司的思想灌輸到你的大公司的軀體中去。這樣，你就會同時擁有兩個不同的世界中最好的東西。」

最簡單的方式，實際就是最佳的方式！

「簡單化」（Simplicity）有很多不同的定義。與威爾許的大多數經營思想一樣，「簡單化」的核心仍然是確保公司上下對簡單化處事作風之價值的認同和理解：

「對一名工程師而言，簡單化就是採用的零件種類不多而功能齊全的簡潔設計。對於生產製造來說，簡單化意味著我們將以具體的操作人員能夠理解，而不是複雜的程度，評價涉及到的生產流程。在開拓市場的工作中，簡單化則意味著準確的市場情報、給消費者或行業客戶以簡明扼要的建議。簡單化最重要的意義在於它在個人行為上的應用，即人與人之間的坦誠相待。」

公司領導最重要的職能便是：公司遠景的規劃。簡單化的處事作風即是公司領導有效地完成這項職能所不可或缺的必要條件。在公司中，公司領導扮演的角色便是一個開放組織的開創者和規劃者，這個開放的組織特別強調透明度的重要性，並會清除掉所有阻礙組織透明度的任何阻礙物：「在岔路口指明方向，在前進的道路上清除障礙，並確保公司遠景的清晰和現實，這是公司領導責無旁貸的責任。公司領導必須在公司中營造出一種氛圍，一種能夠培養人們向上級要求清晰之思路和目標的自覺行為的氛圍。」

公司領導所需要構建的公司發展規劃之遠景的類型，就是威爾許所稱的：「拱形的遠景——遠大，但簡單易懂。不管是成為市場『數一數二』的戰略，還是『整頓、關閉、出售的業務整合』戰略，或是無邊界和壁壘的有效溝通戰略等等，不管這些遠景的實際內容是什麼，你想要表達的思想都必須容易傳播和溝通，甚至可以對一場雞尾酒會上剛認識的陌生人講清楚它。如果只有你的支持者能夠理解你所說的話，那麼，你的遠景必將失去它應有的效果。」

威爾許建議所有的公司領導都要以最簡單的方式處理事情：「最簡單的方式，實際就是最佳的方式。對一個領導者來說，最難的事情之一就是達到一個足夠自信的境界：簡單、處之泰然地處理事情。」

1995 年，在給公司股東的公開信中，他寫道：「簡單化的資訊更快地傳播，簡單化的設計更快地進入市場，而排除干擾，簡化問題，則使我們得以更快地進行決策。我們看到，通用電氣的管理高層已經做到這一點，實現了管理的簡單化；他們也因此變得富有激情和活力，充滿了小公司裏才有的那種雷厲風行的行事作風。」

不斷給員工施肥澆水，讓他們覺得自己非常棒。

「自信」（Self-Confidence）是威爾許多年來一直強調的一個關鍵要素。他總是「喋喋不休」地告誡人們，開創一種能夠滋養自信心的企業文化是何等重要：「要做到簡單化的行事作風，需要莫大的勇氣，尤其是對於大公司而言。那些依附於官僚體系而生存的人，以及那些依靠頭銜獲得所謂之權威的人，不可能擁有任何自信心。官僚主義不僅懼怕速度，更討厭做事簡單化。它只會滋生沒完沒了的本位主義，甚至是拙劣的陰謀和辦公室政治。身陷其中的人害怕與人分享，也缺乏熱情和積極性——90 年代，這一切只會導致慘痛的失敗。」

他告誡所有的公司經營者，雖然公司本身並不能給員工以自信，卻可以給員工創造機會，讓他們去夢想、冒險，去戰勝困難，從中獲得自信心。其中，關鍵的一點便是——確保員工能夠看到他們的努力和貢獻給公司所帶來的真正價值：「速度、簡單化和自信，它們不僅能夠釋放出潛伏於員工身上的巨大生產力，還能夠培育出一種全新的職業道德，從而使我們的事業變得無比強大。如果我們能夠讓員工看到他們的貢獻和成績給公司創造的價值，如果我、你以及所有的企業領導人能夠營造出一種自信的氛圍，放手讓員工自由地發揮潛能……我相信，我們因此而獲得的生產力將超過我們的任何想像。在這種自信的氛圍裏，員工能夠看到他們每天工作之間的聯繫，以及他們的工作在現實世界的成功與失敗。」

傑克·威爾許出生在一個典型的美國中產階級家庭，父母結婚 16 年後才有了這個獨生子。父親性格沈穩，話不多，很少對兒子發號施令。他為波士頓與緬因鐵路公司工作，早出晚歸。所以，培養孩子的任務就落到母親肩上。

母親經常要求他做到坦率溝通，面對現實，並且主宰自己的命運。日後證明，在威爾許的公司經營生涯中，這種秉賦被發揮得淋漓盡致。

要掌握自己的命運，就必須樹立自信。儘管威爾許到了成年時還略帶口吃，可母親說，那算不了什麼缺陷，只不過是想比別人說得快些罷了。如果是一般不夠明智的父母，可能會讓兒子為這個缺陷感到自卑。她卻把它變成一種激勵。這或許是給予威爾許的最大財富。

結果，略帶口吃的毛病並沒有阻礙他的發展，甚且，實際上注意到這個弱點的人大都對他產生了某種敬意，因為他竟能克服這個缺點，在商界出類拔萃。美國全國廣播公司新聞部總裁邁克爾對他十分敬佩，甚至開玩笑地說：「他真有力量，真有效率！我恨不得自己也口吃！」

威爾許從小就非常喜歡運動，尤其喜歡打曲棍球，經常和同學到其它城市參加比賽。別的孩子出遠門，父母都要陪著。可是，母親很早就把他當成大人看待。她總是把他送上火車，讓他獨自去參加。上中學時，威爾許當上了曲棍球隊的隊長。他說，他的領導才能就是在球場上培養出來的。

他的中學成績應該可以保證他進入美國最好的大學，但因種種原因而事與願違，只進了麻州大學。起初，他感到非常沮喪。但進入大學之後，沮喪就變成了慶幸。

「如果當時我選擇了麻省理工學院，很可能會被昔日的夥伴打壓，永遠沒有出頭的一天。而這所較小的州立大學讓我獲得了許多自信。我非常相信，一個人所經歷的一切，都會成為他建立自信的基石：包括母親的支持、運動、上學、取得學位。」

事實證明，威爾許是麻州大學最頂尖的學生。看來，沒有進入麻省理工學院是對的。

擔任威爾許大學班主任的威廉當時也看出了他成功的初期徵兆：「他的雙眼總是充滿自信！他痛恨失敗，即使在足球比賽中也一樣。」

「自信」在日後成為通用電氣的核心價值觀之一。威爾許說：「所有的經營管理都是圍繞『自信』展開的。」

多年經營管理通用電氣這家超大型公司的親身體驗，使威爾許深深懂得，產生官僚主義弊病的根源在於人們的不安全感。於是，人們不惜耗費精力，構築本位主義的壁壘，或是展開爭權奪利的政治鬥爭。不安全感還影響到人們對於變革的態度。人們不由自主地畏懼變革，把變革看作是對安全的威脅，而不是潛在的機會，從而不能夠歡迎它、利用它，而是反對它、抵制它。他認為，想要通用電氣常勝不衰，必須主動而準確地對待和處理人們的這種不安全感。為此，他開出了一劑藥方：自信。也就是說，消除員工的不安全感，最終的解決辦法就是兩個字：自信。

「有些人天生便具有強烈的自信心；有的人則是通過家

庭、學校和職場等後天的教育，獲得了自信心。另外一些人則一輩子過著猶猶豫豫、欠缺主見、膽小怕事的生活。如果我們真的希望開創一個自由交流的無邊界組織，就必須同時營造一種氛圍，使通用電氣的 298000 名員工（當時是 1990 年）都能夠從中獲得自信的力量。」

培養員工的自信心，最好的辦法就是放權與尊重。為了達到上述的目的，威爾許對組織結構也進行了設計。目前通用電氣的組織結構就像一個車輪，輪軸是他和三名副總裁組成的總裁辦公室，輪輻是通用電氣的 13 個主要事業部。這種結構的最大優點是簡潔。它使通用電氣長久不消的官僚習性除去大半，創造出滿足市場所需要非官僚制度所需的組織結構。同時，從 1985 年開始改組高層及一些重要職位，成立了企業主管委員會（簡稱 CEC）。CEC 由 13 個企業最高負責人和一些高級幕僚參謀人員組成，每人皆可直接向總裁報告，每季度召開例會一次。

CEC 會議的惟一議題是：身為通用電氣公司 13 項業務的主管，如何配合總裁、副總裁和其他企業主管，共同將通用電氣發展成全球最具競爭力的企業？會議的目的是分享最佳的營運作法，促成多樣化經營的企業之間能夠得到更好的協調。在 CEC 會議中，每個成員都知道其他所有成員每季度財務績效的細節——並加以討論。如果其中有一個企業主管遇到困難，其他人會幫助他提出解決方案。CEC 雖然缺乏正式的權力，卻成為影響通用電氣這樣的大企業的最有效的方式。現在，通用電氣的每一個企業單位都有了自己的 CEC 會議。

威爾許指出，傲慢與自信只差小小一步。成為一名優秀的公司領導，歸根到底，需要體現在具體的經營中。「這就是我所說的施肥和澆水這樣的事。我們的工作就是要給員工澆水，讓他們覺得自己非常棒，讓他們成長。」

另外，構建員工的自信，方法便是設計出一種機制，賦予員工獨立自主的發言權，並確保員工之間自由地交流和相互信任。為此，通用電氣推出了「合力促進」這一全新的經營管理理念。

1995 年，威爾許在給通用電氣股東的公開信中提到：「充滿自信的人根本沒有必要以『複雜化』的事物武裝自己。充滿自信的企業領導人制定簡明扼要的計畫，發表簡潔的談話，制定遠大而簡單明瞭的奮鬥目標。」

在他執掌通用電氣的 20 年時間裏，「速度、簡單化與自信」，始終是他創新經營思想的三句箴言。直到 20 年多後的今天，這三句箴言仍然是指導公司領導人再造輝煌的金玉良言。

第三章

創新經營手段：拆除邊界，建立「無藩籬障礙」的公司

傑克．威爾許語錄：

無邊界公司應該將各個職能部門之間的障礙全部清除，使工程、生產、營銷以及其它部門之間能夠自由溝通，完全透明。一家無邊界公司必然會把外部的圍牆推倒，讓供應商和客戶成為一個單一過程的組成部分。它還要推倒那些不易看見的種族和性別藩籬。它要求把團隊的位置放到個人的前面。在無邊界的公司裏，地理上的障礙也必須袪除，使「國內」、「國外」業務不存區別。它意味著我們的員工在布達佩斯或漢城工作，就像在路易斯維爾或斯克內塔迪一樣舒服。

1989 年 12 月，威爾許和他的新婚妻子珍在巴巴多斯度他們的「羅曼蒂克假日」。不過，像往常一樣，他們在一起談論最多的還是工作——而不是常人所想像的枕邊情話。

所幸，珍不僅非常喜歡談業務，更喜歡與威爾許就某一問題展開討論。他們談到了正在進行的「工作外露」計畫。威爾許試圖用這個計畫清除通用電氣各個角落的官僚主義，並已取得巨大而顯著的成效：思想在公司裏流動得越來越快了。

威爾許一直在尋找一種理念，一種方式：它能抓住整個公司，並能把思想帶到另一個層次，讓每一個人分享，讓 30 多萬通用人的智慧火花在每個人的頭腦裏閃耀。這就像

與 8 位聰明的客人共進晚餐，客人們每一個人都知道一些不同的東西。試想，如果有一種方法能夠把他們頭腦中最好的想法傳遞給在座的所有客人，那麼每個人因此而得到的收穫該有多大啊！

他不停地向簡講述著自己的想法，試圖得到一些啟示。當他講到「工作外露」計畫如何將公司裏的各種界限打破時，突然，「無邊界」這個詞一下子躍進他的腦海。這正是他連做夢都在構築的東西！這個詞縈繞在他的腦海中，揮之不去。當時，他就像是完成了一個「科學上的重大發現」一樣。

一周以後，威爾許帶著他的「無邊界」理念，從巴巴多斯直飛博卡，參加在那裏舉行的業務經理會議。會議上，他首次提出了他的「無邊界」經營理念：

「改變的腳步出現在許多地方。隨著市場的開放及區域性障礙的逐漸消除，全球化不再只是個有待追求的目標，而是個不得不履行的策略。

「單單只做到改革、組織扁平化、機械化及自上而下的評估方法，這些 80 年代的改革模式已經『招式過老』，跟不上 90 年代變化的腳步。想要成為 90 年代的勝利者，必須營造一種文化——讓人們能夠快速前進，更清楚地與別人溝通，並讓員工能夠同心協力，服務需求多元的用戶。

「要營造『贏』的文化，必須建立所謂的『無藩籬障礙』的公司。我們不再有多餘的時間穿越部門或人員間所設置的障礙。地理上的障礙也必須袪除。我們的員工，不管在馬德里、漢城，還是在路易斯維爾或斯克內塔迪，皆應感覺同樣自在。」

按照威爾許的設想，無邊界公司應該將各個職能部門之間的障礙全部清除，工程、生產、營銷及其它部門之間都能夠自由溝通，完全透明。一個無邊界公司將把外部的圍牆推倒，讓供應商和客戶成為一個單一過程的組成部分。它還要推倒那些不易看見的種族和性別藩籬；它要求把團隊的位置放到個人前面。

在講話快結束的時候，他說：「『無邊界』這一理念，將把通用電氣與 1990 年代其它世界性的大公司區別開來。」

「無邊界」是威爾許創新經營的標誌性理念之一，也是他對經營管理學和領導學所做出的最大貢獻之一。他不僅創造了「無邊界」這個術語，還將這種理念運用於通用電氣，創造了一個超大型組織的全新經營模式。人們無法在字典裏找到「無邊界」這個詞。它似乎有些拗口，又顯得晦澀。威爾許也是第一次用它表達自己的經營思想。但是，「無邊界」非常貼切而生動地表達了他所有的想法，甚至用不著他再解釋什麼，人們似乎便已經準確無誤地把握住它的內涵。

創新經營實戰之一：
拆毀所有阻礙溝通的「高牆」

從理論上說，任何限制思想和學習自由交流的事物都有百害而無一利。然而，傑克・威爾許 1981 年就任通用電氣公司首席執行長時，卻發現這家「百年老店」竟然存在著大量邊界和壁壘，成百上千種，而且這些邊界和壁壘的存在嚴重地阻礙了公司行動的快速性，削弱了通用電氣與客戶及供應商之間的聯繫。

以發電機領域為例：當時，通用電氣公司有天然氣渦輪機、蒸氣渦輪機及組合渦輪機等三種渦輪機，每種又分為小型、中型、大型三種機型，因而相互組合後，便有九個渦輪機單位，但針對的都是同一個目標市場。它們向汽車工業每年銷售金額數億美元的塑膠材料，銷售數 10 億個燈泡及幾百萬個電動馬達。但是，各事業部的銷售人員進入客戶單位時，好像代表不同的公司一樣，從未發揮應有的團隊精神。

這種由於壁壘而形成的分權，導致每一個獨立核算收益和損失的單位太小，以至於削弱了競爭實力。分權也導致了太多層次的批准和其它職責界限。工程部門只負責設計，結果發現製造部門在生產時困難重重，銷售部門也不能為其找到銷路。在產品售出之後，服務部門卻發現很難維修。

沒有橫向交流的等級界限降低了決策效率，浪費了太多時間。各項業務之間存在著界限，導致本應各部門列隊進入市場時，卻單槍匹馬，獨自上陣。

所以說，公司的邊界和壁壘就像是一副鐐銬，制約了員工相互之間的溝通，以及與客戶或供應商之間的交流和瞭解，從而阻礙了前進的腳步。

威爾許接手通用電氣之後，便迅速展開行動，力圖找出那些使公司的各項功能衰減的壁壘。

這可不是容易的事。因為那些壁壘存在於公司的管理高層，即那些除了給自己的直接領導寫報告之外，很少聽到他們聲音的眾多管理人員。

威爾許很清楚，如果能夠消滅這些壁壘，開創一個開放而非正式環境的願望便能夠朝著實現的方向邁進一大步；而這樣的環境對通用來說，便是獲取競爭優勢的本質要素。

「無邊界行為」的目的就是拆毀所有阻礙溝通、阻礙找出好想法的「高牆」。威爾許決心要做的正是剷除那些阻礙溝通的障礙和牆壁。

對此，他有一個形象的比喻：「一棟建築物有牆壁和地板；牆壁分開了職務，地板則區分了層級。我呢，則是要將所有的人全都聚在一個打通的大房間裏。」

壓平「婚慶蛋糕」式的森嚴等級

雜貨店通常沒有組織的內部邊界和壁壘。試想，如果通用電氣也能夠消除內部的邊界和壁壘，那麼，毫無疑問，它一定會具有更高的生產力。原因很簡單，那就是無邊界和壁壘的組織將大大減少官僚主義造成的浪費。

那麼，如何消除組織內部的邊界和壁壘呢？威爾許的經營管理實踐告訴我們，想要消除組織中的垂直邊界和壁壘並不太難。20 世紀 80 年代的通用電氣便已在這方面取得巨大的進步。也許你會問：什麼是垂直邊界和壁壘？

「垂直邊界和壁壘就是那些大型組織中，『枝繁葉茂』，界線分明的管理層級。它們的存在，使得組織的行動速度大為減緩，也使得資訊的溝通渠道阻塞，甚至變形。」

威爾許非常討厭官僚主義。他瞭解，過多的管理層級會減緩決策的制定。為了使通用電氣變得更有競爭力，成為理想中的無邊界公司，他明白，存在於通用電氣的「婚慶蛋糕」（一層又一層……）式的森嚴等級，必須無情地剷除！

在威爾許擔任通用電氣 CEO 之前的數任執行長領導下，通用電氣經營得可說非常成功。但是，他們也建立了由系統和管理階層所組成的，令人生畏的龐大網絡，以確保其正常運作。這個網絡是官僚式的，但還算合理。

通用電氣公司早在成立之初，採取的是所有權與經營權分離的現代股份制企業形態。後來，公司的巨大發展突破了少數派股東支配的階段，進入了經營者支配的階段。在這個階段中，以講究功能、工具理性為核心的管理組織逐漸體系化、官僚制化。官僚制的管理目標在於使整個組織系統維持協調運行。

但是，這種管理制度本身包含著一些非理性成分。例如，分級審理原則的貫徹，必然會帶來陡然增多的文件數量，可能會使文牘主義風氣蔓延；強調履行職務，必須在文件形式上齊全這種過分求全的態度，反而會使處理公務的效率降低；法規明確規定了官員的許可權和職責，又可能產生對管轄以外的事漠不關心，互相推諉，帶來本位主義和宗派主義的消極現象；處理公務嚴格按照規章制度，意味著人際關係為競爭的關係而不是合作關係，這可能會帶來官僚式的冷漠態度……等等。在這個意義上，「官僚制」與「官僚主義」密不可分，它們之間的界限難以劃分。官僚制即是孕育官僚主義的溫床。

那時候，不只通用電氣如此。通用電氣內部的諸多管理層次和管理系統的設置是大公司演變的典型模式。一般人似乎都把複雜視為成長的必然結果。威爾許形象地解釋道:「公司像大樓一樣，變大之後就要加蓋樓層，加地板、加牆壁。我們都會增加部門——運輸部門、研究部門。這就是複雜，這就是牆壁。我們所有人的任務就是要鏟平這座大樓，拆光這些牆壁。如果我們做到了這一點，就會有更多的人來為公司需要做的業務提出更多的好建議。」

通用電氣公司的前幾任董事長都能清醒地看到這種職能的負面功能，積極改進。為適應世界經濟競爭和公司規模擴大的形勢，通用電氣的組織機構幾經改革。50 年代初，它採取了一些措施，使低級的管理環節（即生產部門）的許可權有所擴大，但也造成過於分散的弊端，使機構重疊、複雜。60 年代，又重新集中了某些職能，加強了「參謀部」機構的作用，取消了一些中間環節，特別強調大力發展「戰略計畫」。70 年代初的改組，其主要任務是加強長期計畫的作用，在生產集團、部門一級建立了 43 個戰略計畫中心，專門從事研究新產品、擴大投資、吞併其它公司以及消除某些產品虧損等問題。

毫無疑問，從 60 年代的分權管理發展到 70 年代戰略性計畫的制定，這種管理制度的演變適應了通用電氣規模不斷擴大和經營多樣化的發展，因而帶來了極大的利益。然而，所有這一切努力並沒有從根本上防止它染上不少「大企業病」。

與當時的其它大公司一樣，通用電氣擁有更加嚴明的組織層級。與其說它像一家大公司，倒不如說它更像一個行政機關，總共 29 層，並且有著數以百計的層級——從實驗室到一個小組，一個分支，一個部門，再到一個大的部門和集團。這些過多的層級最終使公司變成一個正規又龐大的官僚機構。

就公司組織機構的設置情況來說，1980 年，通用電氣由 64 個事業部組成，從上到下，最起碼設有五個管理層次，即：公司→區域部→事業部→事業分部→工廠。

如果再細細地深入考察各個管理層內部的組織系統，管理層次更多。由於機構龐大，層次多，公司的力量很難凝聚，決策和貫徹過程複雜、歷時長，難以適應瞬息萬變的市場競爭的需要。

威爾許在通用電氣發現了很多「牆壁」。他說：「我愈往通用的大單位走，就發現愈多的官僚，各式各樣的階層。這些可都不是友善的。他們都很嚴肅，各有各的地盤、圈圈。但是，做生意不應該這樣；做生意應該是有很多點子、很多樂趣、很多令人興奮和值得慶祝的東西。」

據說，在威爾許接任總裁時，通用電氣公司的 40 萬名職工中，有正式「經理」頭銜的便多達 25000 人。平均算起來，他們每人直接負責 7 個方面的工作。在這個等級體系中，從生產的工廠到威爾許的辦公室之間，竟然隔著 12 個之多的層級，有 130 多名管理人員擁有副總裁以上的頭銜。這一大群上司基本上沒做什麼事，只是緊盯下屬罷了。

理論上說，為了保證公司的正常經營，這種監督是必要的。實際情形是，經理們花費過多的時間填寫例行報告，並向更資深的經理推薦他們的計劃書。另外，由於需要「管理」，各級主管每天便忙著檢查下屬的工作情況，各級管理人員則把大部分時間都用在撰寫例行報告和對他的上司提出各種計畫。

此外，通用電氣在全美國還設有 8 個地區副總裁或稱「用戶關係」副總裁，但這 8 個副總裁對銷售並不直接負責。當時的通用電氣管理結構形成的官僚體制非常龐大——今天的通用電氣規模比當時擴大了 6 倍，但只增加了大約 25％的副總裁。經理人員的數量比當時還有所減少，現在平均每名經理直接負責 15 項工作。一般情況下，從生產車間到威爾許的 CEO 辦公室之間，僅隔了 6 個層級。由此可見，當時通用電氣的管理已到了非變革不可的程度。如此龐大而臃腫的機構，造成公司管理階層官僚作風盛行，辦事效率極其低下。

一次，由下層管理人員提出的一項非常好的建議報告呈放到威爾許面前。當他看到上面已通過了將近 20 名中高級管理人員的簽名時，心裏的感慨可想而知：如此繁瑣的程序，怎能抓得住商機？他痛下決心，一定要拆除這些「牆壁」。

主管零件製造的副總裁柏克生動地描述了當時的情形：「我當時在渦輪機事業單位任職，那也是我第一次參加策略規劃。我們有一大群人一塊兒完成了一本很厚的計畫書，把它向上呈報，經過事業部行政主管、副董事長，最後送到瓊斯手中。計畫書包括 3 年、5 年及 10 年的計畫。記得在一次高級主管會議上，有人問我對渦輪機事業前途的看法，我用了 10 分鐘的時間，清楚地陳述了這個事業的策略規劃內容。講完後，有人說：『我想，你只須讓我們看看有關這個事業的策略規劃書就可以了。』我心裏想：『去你的！還真要啊！』接著我把那本厚厚的計畫書捧給在那裏的一夥官僚看。」

然而，威爾許對過去通用電氣的每個階層皆須進行策略規劃非常不以為然。他強調：「這個方法一點也不靈活，只會讓事情進行得更慢。它無法讓經理人很快發現問題之所在。這種強調策略性規劃、控制，與一切按手續來的方式，只會侵蝕像通用電氣這類大型公司的企業精神。」這正是他最煩心的事。

當他的前任兩位總裁包士與瓊斯將通用電氣的事業重組成 43 個策略性單位時，照理說，命令控制功能應該大幅增強才對。但是，新加入的財務兼企劃幕僚階層卻導致行政主管間彼此相互命令與控制，反而沒有時間去判斷公司的績效。

這就是說，「策略規劃」後來偏離了瓊斯的初衷，演變成重視形式甚於實質。結果是，不僅公司的決策形式化和複雜化，還扼殺了公司內部的企業家精神，各級經理似乎都把閱讀和撰寫「備忘錄」看作自己每天最重要的工作。

如此的管理體系，它似乎保證了通用電氣按部就班地運行，但它同時也意味著管理人員必須整天應付堆積如山的「文件」和忙於向上級推銷自己的報告及計畫的「現實生活」。

威爾許看出，決策體系在最初引進公司的時候，十分富有活力。但是，隨著時間的推移，其流程卻變得越來越繁瑣。他說：「我們聘用一名企劃主管，之後，他再雇用兩名副主管和一名企劃專員。於是企劃報告越來越厚，內容越來越多，排版越來越複雜，插圖越來越精美，會議的規模也越來越大。結果便是一團嘈雜之後，毫無結果的會議。想想看，16 個或 18 個人坐在一塊兒，誰能說上話？」

真是文件堆積如山，永無止境啊！於是，人們不再有時間去做全局性的思考，整個組織陷入嚴重的官僚主義禁錮之中。寫會議紀要成了通用電氣的一種生活方式，各級管理人員更是練就了一身「呈遞紀要和報告」的高超本領。於是，上層領導除了錯誤地做出「我只要讀報告就可以」這樣的結論之外，別無選擇。

組織扁平化的大戰略

儘管通用電氣的組織層級體系保證了各項工作的有序執行和有據可查。但是，這就足夠了嗎？威爾許下決心，堅決剔除層層繁複的管理層級。他把這個過程稱為「組織扁平化」的戰略。

其實，對於通用電氣公司組織結構的這些弊端，公司內部早就有人察覺，但並沒有採取實際行動。據說，在董事會討論瓊斯的接班人時，有些董事指出：「世界的變遷實在太快，超乎我們的想像。我們過去 20 年幹得不錯，但這並不意味著我們未來還能按照原先的步調。我們要做若干改變，才能適應新的環境。」

威爾許果然不負眾望。他發現臃腫的辦事機構是妨礙公司效率提升的重要原因之一，便決心壓縮管理層次，消除事業單位與高級管理階層之間的溝通障礙。一時之間，各種批評紛至沓來，諸如革除管理層級會降低通用電氣命令 - 控制系統的威力，會使公司受到損失等等。

面對輿論的指責和不理解，威爾許坦然處之。

「憑我個人的力量，根本無法取消通用電氣多年來固有的命令－控制系統。我們所要做的，無非只是消除這個體系中的命令部分，並設法保住以往的控制效果而已。大企業中，特別容易滋生那些依附著官僚體系為生的人。這些人總是試圖掩蓋發生的情況和事實真相，從不勇於承擔責任。現在，我們要做的就是把員工從這樣的機制中解放出來，賦予他們足夠的自由，以及對自己的成功與失敗負責任的權力。只有這樣，員工的積極性才能夠充分調動起來。難道你不覺得現在的通用毫無工作熱情可言？一份讓人壓抑的工作難道會是個理想的工作！那些在官僚體系裏游刃有餘的人，一旦獨立承擔工作和責任，只會讓大家看到他們原形畢露。」

威爾許按照產品的性質或地區分布，重新劃分過去設置於事業群之中的 64 個事業部，於 1984 年組成 38 個戰略經營單位，並進而於 1987 年合併成 14 個產業集團。

通過這種改組，通用電氣公司的每一個產業集團幾乎都可以為用戶提供成套產品。例如能源設備集團，可以提供從發電、輸變電一直到控制設備的所有電站和變電站的成套設備，因此成立產業集團，將工廠的銷售業務集中到集團一級，就可以向用戶提供成套設備、成套服務，方便用戶。市場開發部門可以帶著成套產品去開發市場，同時向科研部門反饋資訊，以便成套開發新產品。這樣就使企業在競爭中處於優勢。

將產業集團內工廠的銷售業務集中以後，可以集中銷售力量，按市場劃分，建立銷售隊伍，避免內部競爭，加強對外競爭的力量。也就不會出現前面所說的發動機領域內部各部門互不通氣，各吹各的調兒，不能形成合力而影響市場的情況。

另外，產業集團將各生產廠的材料供應也集中管理，由材料採購和管理部門統一採購供應，在美國這樣一個原材料買方市場的社會是比較容易做到的。這不僅減少了採購人員及費用，更重要的是由於材料集中管理，對材料生產廠來說，就是一個大買主了。這樣，在買方市場上就具有較強的討價還價的餘地，因而對降低原材料採購價格帶來很好的影響。

同時，由於供、銷集中在產業集團一級，工廠成了一個專管生產的成本中心，產業集團對工廠只考核生產成本、產品質量和交貨期，工廠的主要精力也用於提高質量，降低成本上，有利於生產成本的降低和產品質量的提高，從而增強了企業競爭力。

在調整後的組織結構中，企業集團也把一部分權力下放給工廠。下放的權力主要是與生產直接相聯的許可權。工廠由於具有一些相應的決策權，也努力於提高生產率與降低成本。例如，在斯克內塔迪的渦輪工廠，計時制工人抱怨他們所使用的銑床。很快，他們就贏得有關當局投資 2000 萬美元更新機器的批文和說明書，由他們自己測試和改進機器。結果，周轉時間減少了 80%，降低了庫存成本，也提高了滿足顧客需求的反應能力。

威爾許組織扁平化的目標非常明確，就是縱向的高度集權與各管理層的獨立決策同時並存，既保證全公司的經濟活動服從一個統一的戰略方向，又保證各管理層的自主決策，使各基層企業具有相應的權利和靈活性，以應付複雜多變之競爭環境的挑戰。

這種改革的重點之一是：通過減少管理層次，充分向下授權，使決策儘量由最瞭解有關情況的管理人員做出。

有人曾擔心，減少管理層次，會破壞通用電氣公司原有的那種指揮和控制系統。

威爾許滿懷信心地說：「我所做的不會危及本公司在財

務上的指揮及控制系統。我們消除的是組織間不必要的指揮關係，但仍保持原來必要的控制程序。大公司不少幕僚人員平時的工作似乎與許多事業都有些關聯，他們看起來很重要，也分享事業的成功。但事實上，沒有他們，那些事業一樣會運轉得很好。相對地，他們如果沒有和那些事業相關聯，就會變得無所事事。這些人的工作便是做些不必要的稽核、管理、控制。」

在威爾許大刀闊斧的裁撤下，通用電氣的管理階層從 29 層削減到 6 層。除去的都是中級經理人，或是為管事而管事的人。彼得斯說：「中級經理好像被煮熟的鵝。」威爾許可是煮了不少。

與此同時，他抓住各種機會，趁機廢除「事業群」這個管理層，讓事業部門（即後來的「產業集團」）直接指揮和控制各「事業單位」。

1984 年年末，柏林甘退休，由當時的執行副總裁兼服務及材料事業群的主管賴利填補他的位置。威爾許利用這一機會，宣布賴利所空出的服務及材料事業部門的缺不再填補，從而也就廢除了這個「事業群」。到 1985 年末，其它幾個事業群的行政主管也相繼退休，威爾許便把整個「事業群」的管理層都廢除了。

原來，「事業群」之下的各事業單位中，除了醫療系統和主要器具之外，其餘都直接向胡德及賴利報告。1986 年 6 月，通用電氣完成併購美國無線電公司的行動後，又多了兩個向威爾許直接報告的單位：國家廣播公司及消費性電子事業。

經過這一系列改組，通用電氣的主要決策層由過去的五個層級減少到三個，形成了公司→產業集團→工廠的三級管理體系。各個層級的管理許可權和責任都很明確，分別是投資中心、利潤中心和成本中心，使整個公司的指揮和運轉系統靈活自如。

在壓縮層級錯綜複雜的組織結構的過程中，通用電氣強制性地要求整個公司任何一個地方——從一線員工到總裁威爾許本人之間，不得超過五個層級。

就這樣，原來那種高聳入雲的寶塔型結構變得低平而堅實了：公司總裁→事業總裁→各職能總經理→各地區、區域經理→一線員工，從而在很大程度上清除了官僚主義及其弊端，提高了管理工件的效率。

組織扁平化的直接效果是有效地控制了成本。此外，公司的管理也因此得到極大的改進。組織扁平化後，溝通的速度明顯加快。本來就應該屬於各個事業部的獨立控制權和獨立責任權也都得以「物歸原主。」

在威爾許擔任通用電氣最高負責人之前，通用電氣公司的大多數企業負責人要向一個集團負責人彙報，集團負責人又向一個部門負責人彙報，部門負責人再向業務最高負責人彙報。每一級都有自己的一套班子，負責財務、推銷和計畫以及檢查與覆查每一家企業的情況。威爾許解散了這些集團和部門，清除了它們所引起的組織上的障礙。現在，企業負責人與業務最高負責人之間沒有任何阻隔，可以直接溝通。

更讓人驚歎不已的是，通過這種機構改革，他把通用電氣這個龐大的巨型公司的行政管理人員，從 1981 年的 1700 人減少到 1987 年的 1000 人，到 1992 年更減少到 400 人。這一事實本身就意味著公司總部的管理效率有多高。用他自己的話說就是：「我們管理得越少，卻管得越好了。」

經過裁員之後，通用電氣行政班子的干預大大減少了。過去，企業每個月都要向總部提出一份財務報告——儘管沒有任何人使用它。財務主任丹尼斯・戴默曼讓各企業把每個月的數字留在他們自己手裏。他的財務班子則把更多的精力用於改進「影響最終結果的事」——如存貨、應收賬款、現金流動狀況。財務班子不再整天盯著幾個小數點，而是用更多的時間評估可能做成的生意。

此外，組織扁平化還帶來兩個巨大的好處。首先，最高管理層級的剔除，為整個公司樹立了精煉、敏捷的最佳榜樣。其次，通過組織扁平化這場運動，「使我們分辨出那些不能夠與我們共同分享價值觀的領導人員，這些價值觀包括直言不諱、面對現實、精煉與敏捷等等。組織扁平化這場運動使那些消極抵抗者逐一曝光。他們或許適合於上一年代，卻絕不適合這個迎接世界級挑戰的新時代。」

在治理通用電氣嚴重的官僚主義多年之後，威爾許確信自己做對了。1997 年，他在一次談話中指出：「清除了那些過多的層級之後，擋在我們之間的隔閡突然間消失了。這時，我們發現自己是如此靠近事情的真相。多一個管理層級，就多一層麻煩。現在，一切是那麼不同。如果德里需要什麼東西，直接給我發傳真就可以了。就這麼簡單！」

從某種意義上講，組織扁平化最能將你的勇氣發揮到極至。因為你不僅必須把辦公室角落裏的某位員工開除掉，而且，你不得不拿起斧頭揮向那些與你共事多年，跟你稱兄道弟的同僚。

威爾許用了整個 80 年代消滅通用電氣多餘的階層。他說：「在那段時間，我們削去了管理階層的一層又一層，拆掉一個又一個分隔功能的『牆壁』，精簡人員，開除了遊手好閒，到處聊天的人。這樣做時，我們發現，無論是在領導階層還是下面的階層，只要是獲得工作空間的人，也就是被信任、被允許做決策的人，都更努力工作，以確保他們做出正確的決策。」

威爾許的扁平化戰略的確效果明顯。通用電氣的管理變得越來越有效率，公司的生產力也隨之逐步提高。到 1987 年，通用電氣開始慶祝威爾許替公司擺脫了過分臃腫的官僚機構的偉大成就。《商業周刊》評論說：「無論你喜不喜歡他，威爾許已成功地把一家美國大公司過去的『官僚贅肉』切除，並且將其家長式作風的企業文化轉型成以在市場上能夠獲勝為首要考慮的公司。無論喜不喜歡，愈來愈多的美國公司的管理風格將愈來愈像通用電氣。」

在 1991 年 12 月的《財富》雜誌中，有一篇標題為『我希望美國企業在 1992 年做些什麼』的文章，內容是邀請企業、政治、宗教及學術界的領導人對這個題目提出簡短的評論。威爾許也是受邀發表評論者之一。他在評論中說：

「在企業中，我們必須把那些無形的隔閡或障礙都打破。然後才能使企業界更多的人把心思花在效率的增進上。

「技術的突破固然是效率增進的重要因素，但它畢竟是屬於企業內極少數研究發展專家從事的工作。一般員工的效率增進，便是指工作流程的簡化。辦公室裏的某些決策原本需要六天的時間，但若合併、刪減其中的步驟，其實可能只需要一天。這就是效率。工廠現場操作的工人亦復如此。每一個員工都需要就自己每天進行的工作加以檢討，因為只有他們最清楚影響流程效率的問題在哪裡。

「管理階層在這方面扮演的角色便是創造一個鼓勵員工增進效率的環境，這個環境包括資訊的充分供應與交流，也包括適度的激勵。」

威爾許知道，儘管在 80 年代，他對通用電氣的組織層次和官僚體制已經進行了大幅度的裁減。但按照「無邊界」的要求，仍然有許多事情要做。他在 1991 年的年報中寫道：「通用電氣各事業的文件中，我們仍不難找到需要 5 個、10

個或更多簽名才能完成決策的情況。有的事業仍會看到在小地方卻有過多的層級——鍋爐操作員向領班報告，領班向設備部經理報告，設備部經理向工廠服務部經理報告，最後再向廠長報告等。」

很明顯，他希望進一步減少組織層級，以真正符合「無邊界」的標準。雖然這並不是什麼難懂的高深理論，但他還是用了一個很有趣的比喻：「層級有隔絕的作用，它使得決策過程變慢，甚至於會曲解向上傳達的訊息。高層級的領導者像在冷天穿了好幾件毛衣的人，他們往往自己感到溫暖舒適，卻察覺不到天氣到底有多寒冷。」

當然，對那些缺乏勇氣的管理者而言，威爾許的組織扁平化戰略實在讓他們心驚肉跳。但是，如果你想成為一位成績卓越的企業領導者，使你的公司提高競爭力，那你最好接受他的觀點：仔細審視你的公司，觀察所有的管理層級，然後決定：哪些層級應該剔除？怎樣才能改善溝通？如何才能理順從管理頂層直接到工廠員工的溝通渠道？……

分享好主意，變成好學的人

威爾許強調，不論像通用電氣這樣的超大型公司，還是那些規模小得多的公司，想要經營成功，「成為無邊界和壁壘的組織」都是一個值得追求的目標。正像他對通用電氣所發出的號召那樣，徹底推倒公司中存在的任何壁壘。壁壘越少，人與人之間的交流越充分；交流越充分，員工也就越有積極性，越可能把工作做得更好。

威爾許很擔心經理們不願與員工分享好主意，所以他很明確地說：「如果你控制兩個人，僅僅讓這兩個人去做你讓他們做的事，那麼我會開除你而留下這兩個人。既然有三個人，我就想要三種想法。如果你只會發號施令，那我就只能得到你的想法。我更願意從三種想法裏面選擇。這就是通用電氣的基本思路。」

他大力推行的無邊界和壁壘組織的最好實例，莫過於成立於 1986 年的公司執行委員會了。

在通用電氣公司，公司執行委員會是董事會以下的最高決策層，由 25 至 30 人組成：傑克．威爾許，副總裁保羅．弗里斯科、約翰．奧佩和尤金．墨菲，12 個事業部的領導，5 名高級官員及 17 個公司高級顧問中的部分人員。有時，基層主管也被要求列席執委會舉行的會議，彙報某件事。

公司執委會委員們每季度有固定的三天時間舉行集會。第一次是 3 月 15 日。另外三次一般是在每個季度結束之前，即 6 月、9 月和 12 月中旬舉行。這樣安排，可以使執委會成員在每個季度經營結束前幾周在會議上進行交流。

威爾許堅信，通用電氣之所以能夠一枝獨秀，並取得如此令人矚目的成就，最主要的原因便是公司 12 個事業部門的領導之間能夠充分溝通和交流。他總是興致勃勃地向人們解釋老通用電氣混合集團公司的作風與 90 年代末期新通用電氣的工作方式之間的本質區別。

「在老通用電氣的模式下，每個部門都有一位部門主管，而公司則有一位財務主管，他們之間從不見面，也從不交流任何想法。每個財務季度結束的時候，這些部門主管便會給那位財務主管打個電話，報告一下部門的業務資料。」這幾乎就是老通用電氣模式下的所有「合作」關係。

他曾經很「得意」地說，現在的通用電氣已完全不同。通過定期的公司執委會會議，各事業部門的主管充分交流和溝通，而不是像過去那樣，只是死板地交代各項資料。從庫存周轉情況到新產品的研發計畫，大家無所不談。

威爾許很喜歡執委會會議那種輕鬆的氛圍。執委會會議從來沒有正規的會議議程。只是在會議舉行之前，由某位高層官員給參加會議的所有人發出一個簡短的備忘錄，提醒大家，威爾許想在會上討論的問題；例如六標準差（Six Sigma, 6 Sigma．本來由摩托羅拉創立的。即每一百萬個產品，只有3.4 個不良品）質量管理戰略等等。其實，執委會的宗旨很簡單，主要包括三點：促使公司內部資訊的有效交流；瞭解其它部門中存在的問題；吸收和借鑒其它部門的經驗。

20 世紀 80 年代，威爾許通常會在康乃狄格州的費爾菲爾德的通用電氣總部舉行執委會會議。但是，他又覺得，這個地方似乎太過正規，顯得很拘謹、死板。於是他開始尋找一個可以讓人感覺很舒適、很放鬆的地方。

這樣，自 90 年代初開始，通用電氣執委會會議便轉移到克羅頓維爾，也就是公司領導培訓中心。威爾許相信，克羅頓維爾校園式的設施及其非正式的氛圍，必定能夠促進各事業部門主管之間輕鬆地交流和溝通。

執委會會議在更換了地點之後，便像被施了魔法般「活」了起來，讓威爾許大為滿意。他覺得，在克羅頓維爾舉行的執委會會議，效果比以前好多了。

為了活躍氣氛，威爾許不拘一格，或者通過簡單回顧幾周前出席董事會的情況，或者重述一下最近視察某一事業部的情況，或者從美國或世界經濟開始他的講話。其後，公司領導深入闡述各自部門的季度和年度經營預測，談論可能帶來的大訂單，或是在某次營銷中成功或失敗的細節，以及任何感興趣的新技術發展、劃時代的產品、新的家用電器、購併或裁決。

雖然所有這些都是很嚴肅的話題，但整個會議是在隨便、非正式的氣氛中進行。隨著發言者對提問和評論的機智反應，彼此之間相互進行溝通和學習。

威爾許不強求會上的每個好做法都全盤推廣。他最關心的是他的高級主管如何想辦法並採取他們喜歡的方式。

如果商務管理或行政發展培訓班剛剛完成一項令公司執行委員會感興趣的課題，威爾許和克羅頓維爾的主管會安排相關人員在執委會會議上就此題目做簡短發言。他們可能談及通用電氣在東歐和拉丁美洲的商機。這些題目當然與執委會成員密切相關。

威爾許誇耀說，48 小時後，執委會成員從這兒離開時，他們雖然不是世界上最聰明的人，但可能是最博學的人。他說：「他們談論所有有關的課題。中國發生了什麼？這個或那個事業部發生了什麼？大家在 48 小時內分享資訊，所有人都知道了一切……這就像一個快樂的家庭俱樂部！」

「學習——所有事物都與學習相關。大家堅守著這條原則。學習的想法在通用電氣非常真實而明確。大多數公司在它們的會議上不討論思想，不交流資訊。為什麼？因為出席會議的每個人都來自同一業務領域。他們只是縱向地談業務。而通用電氣則不拘一格地談補償計畫，談到中國，談到相關經驗。」

在一些公司中，大家只是討論出辦法，而後就散會了。其後，他們才不得不思考怎樣去應用這些辦法。威爾許則要求公司執委會成員馬上思考這些主意的應用。因此通用電氣不只是在倡導一種好學精神，它還提倡好學精神必須落到實處。

在 1997 年 9 月的公司執委會上，通用電氣醫用系統事業部的領導傑夫・伊梅爾特提到，通用交通事業部的「儀表板」客戶追蹤服務活動比本事業部做得更好。待他回到自己的總部，馬上打電話給通用交通事業部的首席執行長約翰・賴斯，說他想派一些人去學習賴斯的事業部如何搞「儀表板」活動的方案。

伊梅爾特回憶道：「它源於傑克。他的經營哲學是：『我們永遠不能做得像我們可能做的那樣好。』當你在公司執委會時，你注意到每個人都在全力以赴，都在盡其所能——儘管每個人都已經很吃苦耐勞。每次會議結束的時候，我都能帶回幾個可供我在工作中使用的好主意。」

公司執委會的意義在於提供一種學習和交流的場合、一個自由的論壇，在這裏可以交流思想，而不是成為那種只能助長官僚主義作風的死氣沈沈的會議。

「它更像一所學院。」通用電力系統事業部的領導羅伯特・納德利說：「這兒有一種可以真正交流的氛圍。」

倡導好學精神已給通用電氣的領導們帶來明顯的壓力。史蒂夫・科爾說：「有時這些領導對我說：『我有一個最好的經驗。傑克將要來考察，趕快幫我把這個好經驗在公司內推廣吧！』這說明，這個經理瞭解，有一個好主意並不夠，只有把它與大家共用時，才能得到嘉許。」

同時，這種好學精神也帶來內在的壓力。所有不能參加會議的員工坐立不安地想著會議上會產生什麼新主意，他們的首席執行長明天將從會議上帶回來什麼樣的新主意並加以實施。他們都想成為「最佳經驗」的創始人；他們不想被首席執行長告知，其它事業部已想出了重大的新思路。

創新經營實戰之二：
「合力促進」，免費使用員工的大腦

90 年代，傑克・威爾許最主要的創新經營思想便是解放勞動力。如果你希望從員工那裏獲得最大的好處，那麼，你就必須先徹底解放他們——讓他們參與公司的經營和管

理。所以，你必須保證每一位員工都能夠得到充分的休息，並賦予他們自主決策的權力。

在 1992 年的公司年度報告中，威爾許進一步指出：「根據無邊界和壁壘的理念，通用電氣（奇異）推出了一項全新的計畫——『合力促進』。該計劃旨在調動全體員工的積極性和創造性，鼓勵員工提出好的意見和建議，並把其中富有價值的建議應用到實際的工作中。」

截至 1993 年夏，無邊界和壁壘的戰略思想已成為通用電氣的核心價值理念：「如果你是那種抱著本位主義、以個人為中心、不願與別人分享資源，或是不積極吸收新思想的人，那麼，你就不屬於通用電氣。無邊界和壁壘的組織讓人與人之間自由地交流和溝通，並從中享受樂趣。一旦有人開始保護自己的利益，那麼人與人之間也將開始傾軋大戰。所以，一個有效率的組織必須是非正式的、氛圍輕鬆的，也是相互信任的。」

重新定義老闆與員工之間的關係

員工勞動力的釋放，能夠給企業帶來活力和生機。威爾許及時調整了自己的經營思想，把構建無邊界和壁壘的通用電氣確立為自己經營戰略系統中的重要環節：

「環境變革的腳步不斷前進，企業變革的方向也隨之不斷調整和適應。現在，全球化早已不再是企業變革的目標了。隨著全球市場的開放和區域界線概念的不斷弱化，全球化的戰略早已不再是什麼制勝的法寶，而只是企業立足於市場競爭的一個必備條件。為了保持我們『贏』的企業文化，現在必須構建一個無邊界和壁壘的通用電氣。激烈的市場競爭已不容我們浪費時間和精力去『翻越』那些部門之間或人與人之間的邊界和壁壘了。」

對威爾許來說，構建無邊界和壁壘的通用電氣，其最大意義在於這種組織中人人參與管理和決策的氛圍，以及員工們由於充分授權而被充分調動起來的積極性和創造性。

徹底清除組織內部的邊界和壁壘，最終解放員工的思想，賦予他們發表看法的權力，並保證上級領導傾聽下屬意見與建議的義務和責任，這就是威爾許所展望的無邊界前景。

在這個勇於開拓創新的環境中，沒有任何拘束和限制，所有員工都可以參與決策，並充分獲得決策所需要的重要資訊。這在 1998 年或許已不是什麼激進思想，但威爾許在 80 年代首次引入這一觀點時，確實對統治美國公司多年的命令 - 控制模式帶來極大的震撼。威爾許解除了員工的各種束縛，讓他們自由發揮，達到無邊界的地步。他說：「推行無邊界，不只是單純地祛除官僚體系的作風，終極目標就是要重新定義老闆與員工的關係……90 年代的管理要奠基於工作的自由化上。你想讓員工皆有所貢獻，就必須讓他們能夠自由發揮。」

威爾許曾經觀察到，每當他召開會議，一些主管都會花上無數時間做準備，為的是能夠回答他可能提出的問題。他覺得，這種預先準備的資料正代表一種界限，一種施加於員工和老闆之間的無形界限。因此，他告訴他們，他不希望他們做這些準備，因為這樣太浪費時間。

但是，即使他說了這樣的話，某些主管還是擔心他會問一些他們可能回答不上來的問題。於是，他們在會議廳外安排一個雇員，以備盡可能多地找到答案，而那個雇員就變成另一種界限，阻礙了主管與他進行直接而坦率的交流。他發現了這種情況，及時制止了它。

在一次會議上，威爾許向一位主管提出一個他回答不上來的問題。「我不知道該如何回答。」這個主管不知所措地坦白說。威爾許馬上帶頭鼓掌，稱讚道：「這樣很好。但是，你必須確信你能找到答案，並且讓我知道。」他很興奮，因為他已在員工與老闆之間創造了一種無界限的氛圍。這些員工將會從浪費更少的時間和做更少的無用之功中獲得回報。

在無邊界的通用電氣，員工與老闆之間的關係更融洽了，更和諧了，人們更自由了。

通用電氣消費者部門的主任保羅・奧登曾經因為該部門主要商品的低品質、高價格與低利率而進行過一場艱難的奮戰。一天，奧登在走廊遇見威爾許。威爾許很隨意地問道：

「近來如何？事情進展得順利嗎？」

「需要一番奮戰，傑克！」奧登坦誠地回答。

「哦！有沒有我可以幫得上忙的地方？」威爾許問道。

奧登思忖了片刻，回道：「對了！你可以停止把我的部門說成是『化糞池』。」

「噢，那不行！我愛怎麼稱呼它是我的自由。」威爾許馬上反擊。

「好吧！謝謝你的幫助。」奧登有點不太高興。

對此，威爾許說：「假如你是個封建主義者，以自我為中心，不喜歡與他人分享及共同研究構想，你就不屬於這裏。消除彼此間的壁壘，讓我們得以互相批評，但又不致傷到和氣，當有人開始圓場時，我們會彼此揶揄。組織內部的成員必須不拘禮節、輕鬆自在，並且彼此信賴。」

那麼，簡單地說，無邊界和壁壘的組織又是怎樣的組織呢？威爾許告訴我們：「在無邊界和壁壘的組織中，一切可能阻礙員工內部溝通或員工與外界有效交流的邊界和壁壘都已被徹底清除。」亦即，一個無邊界和壁壘的組織：

——徹底消除了各部門之間的壁壘。

——徹底消除了各管理層級之間的壁壘。

——徹底消除了各地區之間的壁壘。

——積極主動地接觸和瞭解供應商，與供應商結為緊密的合作夥伴，雙方「攜手共進」，共同實現一個相同的目標：使客戶滿意。

威爾許知道，構建無邊界和壁壘的通用電氣才是實現通用電氣生產力目標的惟一途徑。在無邊界和壁壘的組織裏，沒有了層層管理，有的只是跨部門的合作團隊；沒有了各種頭銜的管理人員，有的只是業務和團隊的領導者；員工們不再被動地按照指令做事，而是得到充分授權，並對自己的行為自主負責。

創造員工自由發言的空間

威爾許一向認為：「距離工作最近的人最瞭解工作。那些做第一線工作的人對如何把事情做得更好，往往有一些很有分量的看法。」這或許正是他之所以能夠提出「合力促進」這套經營戰略的原因之所在。

為了更準確地瞭解公司經營最準確的情況，充分發揮一線員工的積極性，他除了自己經常深入基層，走到一線員工面前，與他們交流，傾聽他們的建議，還要求各級管理人員都要儘量這樣做。他對管理人員說：

「過去，一線工人只代表工時和勞動力，現在，他們的觀點、思想，甚至他們的智慧，都變成公司經營管理決策不可或缺的重要組成部分。當工人打開他們的心扉，暢談他們的意見和建議時，我們惟一能做的就是感慨他們對自己工作的瞭解是如此深入，以及管理層的自愧不如。」

然而，過去通用電氣的員工被控制和指揮得太久了，只能「把思想停留在工廠門口，然後走進工廠的大門」去工作。現在威爾許告訴他們：「我們已經意識到，我們以前的那種做法不但剝奪了你們獨立自主的權力，也傷害了公司的利益。我們這個計畫就是想改變那一切！」

威爾許認為，通過鼓勵全體員工積極參與，會有助於強化通用電氣的業務，而業務的良性發展又是保障就業機會的最重要之前提。他說：「想要利用員工的力量，就得保護他們，而不是坐在他們頭上；為他們鬆開束縛，解除他們的管理枷鎖、官僚主義束縛和前進道路上的功能障礙。我想讓每一個人都得到發言權，因為通用電氣需要每一個人的想法。現在不再是某個人駕駛著這艘船，而是某個人與大家團結在一起，合力駕駛這艘船。」

因為威爾許曾經提過：「徹底清除存在於通用電氣中的任何障礙，以及實現這一目標的方法——全體員工『合力促進。』」所以，很自然，這一計畫便被命名為「合力促進」。

威爾許想通過這種經營思想的轉變，讓員工感覺到他們與公司的未來緊密相關。他希望在通用電氣的員工和業務之間注入一種共存精神。因此，他為「合力促進」計畫確定了四個目標：

(1) 增強員工對管理層的信任

——鼓勵員工敞開心扉，樂於與上級管理人員交談。

——鼓勵員工坦誠地發表自己的意見和建議，不必顧及被「炒魷魚」的危險。

——管理層與員工坦誠以待的氛圍，有利於員工發揮潛能，更有效率地為公司做出貢獻。

(2) 對員工充分授權

——具體從事某項工作的員工比他的上司更瞭解自己手頭上的工作。

——調動員工工作積極性的惟一辦法便是賦予他們更多

決策自主權。

——與權力相對應，員工也將對自己的工作擔負更多的責任與義務。

(3) 減少不必要的工作

——提高生產力是公司追求的重要目標。

——減少不必要的工作和任務將大大提高生產力水平。

——通過「合力促進」計畫，人們找到了那些應該徹底清除的工作。這將使員工的工作量大為精簡。

(4) 加速傳播通用電氣的企業文化

「合力促進」計畫成功的前提，植基於兩個最基本的條件：員工有機會當面向上司提出意見和建議；而且，他們的問題必須得到相應而及時的回答——最好是當場解答。

「合力促進」計畫於 1990 年正式推出。當時，威爾許這樣對管理人員說：「我們希望能夠激勵員工的創造性，能夠更多地傾聽到員工的意見和建議，並能夠更多地把員工的建議推廣到全公司。讓我們通過『合力促進』計畫來實現這一切吧！」

為了提高「合力促進」計畫的效果，威爾許要求，通用電氣的所有員工至少要參加一次當年的合力促進活動，不得以任何藉口推托。不過，為了緩解人們對合力促進的猜疑（諸如猜測合力促進究竟是不是另一次打著幌子的裁員行動等），在推出這項計畫之初，他採用了自願參與的原則。

計畫實施初期，他把重點放在如何讓盡可能多的員工參與到活動中來，而不是如何發展和提煉合力促進經營戰略的各種技巧。參與活動的員工也可以自由提出各種問題。後來，此項活動進一步改進為按專題舉行，如降低成本、新產品的引進等。

「合力促進」活動的秩序大概是這樣：一旦活動的組織

者確定了參與活動的人員名單，他們便會向被確定下來的參與者發出邀請信，信中將解釋此次合力促進活動的內容和目的。至於被邀請者是否出席，完全取決於他們自己的意願，因為第一年的合力促進活動已明確規定：以自願參與為原則。

在得到參與者表示感興趣的回應之後，組織者將發出第二封信，告知參與者活動的具體時間和地點。

為了模糊管理者與被管理者之間的區別和界線，促進大家無拘無束地交流，組織者要求，不論是管理人員，還是普通員工，在參加活動時，一律穿便裝，牛仔服、T 恤衫都行。

「合力促進」的運作方式就如同新英格蘭地區的城鎮會議，每次大約有 40 ～ 100 名員工應邀參加，他們完全可以放懷談論對公司的看法，討論他們所看到的各種不合理行為，特別是在申請批覆、報告、開會和檢查中遇到的一些不愉快。

每次活動的主持人，都是聘請外面受過訓練的專業人員，以使員工們放心大膽、毫無顧忌地講出自己內心的想法。

通常情況下，一個典型的「合力促進」活動大約持續三天。活動開始，首先是由來自某個事業部門的經理或代表該部門的某個高級主管向活動團隊做報告。然後他就離開了。在老闆不在場的情況下，外請的主持人啟發和引導員工們進行討論，並準備好在老闆回來後向他反映的問題。

「合力促進」活動最不尋常之處就在於威爾許明確規定了經理們必須對每一項意見都要當場做出決定，並且至少對 75% 的問題給予「是」或「不是」的明確回答。即使有的問題不能當場解答，也必須在一個月之內給出答覆。

威爾許在其最近的自傳中，記錄了他所參加的一次令人終生難忘的活動。那是 1990 年家電業務部門組織的一次「合力促進」活動。活動在肯塔基州列克星敦的假日飯店舉行，參加的員工有 30 人。當時，一個工人正在講話，他認為可以對電冰箱門的生產技術進行改造。為說明自己的想法，他開始描述第二層生產線的部分流程。

突然，工廠的車間主任跳起來打斷他的話，自己拿起一支筆，開始在寫字板上演示自己的改進意見。威爾許還未明白是怎麼回事時，這主任已經講完了，並得出自己的結論。很快，他的解決方案被接受了。

看到兩名工人為改進生產技術所進行的爭論，威爾許心裏很興奮。他心想，那些剛剛從大學畢業出來的學生如果面對這條生產線，他們肯定做不到這一點。而現在，富有經驗的工人幫助公司把問題解決了。

漸漸地，員工們忘記自己的本來角色，開始大膽地講話了。在後來的時間裏，通用電氣流傳著千百個這樣的故事。到 1992 年 6、7 月份時，已經有接近 20 萬員工參加過這種活動。

「合力促進」計畫的意義，我們似乎可以用一位擁有 25 年工齡的工人曾經做出的評論進行總結。他說：「25 年來，你們一直在為我的雙手所完成的工作支付報酬。而實際上，你們本來可以擁有我的大腦——而且不用支付任何工錢！」

挖掘員工的潛能和智慧，釋放員工的自信心。

在威爾許接任通用電氣的 CEO 之後，經過最初的整頓、關閉或者出售，儘管為通用電氣準備了充足的「硬體設施」，但員工們似乎被割斷了與以往的聯繫。

員工做事的參照標準發生很大的變化。例如，被調到新工廠工作，接受新老闆的領導，甚至從事也是一份全新的工作，許多員工多年奮鬥所得到的職位突然消失等等。於是，自然而然，員工們對威爾許的「新」通用電氣產生了強烈的不安全感。

20 世紀 80 年代末期，這一問題已演變得十分突出，威爾許受到極大的挑戰：通過大量裁員，以及某些工廠的出售和關閉，規模縮小了很多的通用電氣似乎應該更具生產力。然而，整個公司卻似乎還未擺脫裁員風暴的暈眩，生產力始終裹足不前。這與威爾許本人的要求相距甚遠。因為他希望自己不再增加職位，而留下來的員工能夠發揮更大的生產熱情，極顯著地提高生產力。

希望和現實之間的差距讓他陷入長考。仔細觀察後，他發現，生產力得不到改善的根本原因在於：員工們覺得機構精簡之後，自己的工作負擔變大了很多，於是產生很大的抵觸心理。

必須找個辦法，讓員工們真正感覺到，公司並沒有只把他們當作機器上的某個小齒輪。相反，公司尊敬員工，尊重員工為公司做出的貢獻。必須讓員工們感覺到自己是企業的「主人」——威爾許下定了決心。

1988 年秋天，經過初期的變革，通用電氣的「硬體」已經比較完備，他開始著手進行第二階段的變革。此次變革的重點放在權力的下放，也就是將大量決策權由管理人員手中下放到對工作具體負責的員工手裏。

幾年後的 1992 年 11 月，威爾許在波士頓給新英格蘭州議會做報告。報告中，他概括了自己關於授權給員工的經營思想：

「為了更快速地行動，為了取得更高的生產力水平，為了立足於市場競爭，為了獲得更強大的競爭力，我們必須徹底解放員工，調動他們的積極性，挖掘他們的潛能和智慧，釋放他們純樸的自信心。要相信美國的『工人階級』仍然是全球最富於生產力、最具創造性的一流員工。我所說的發揮員工的潛能，就是要盡力保護他們，而不是壓榨他們。要放鬆對員工的管理，讓他們自由地工作——消除那些沒有必要的管理層級、那些官僚主義的枷鎖與妨礙人們有效溝通的壁壘和界限。」

變革前的通用電氣，管理人員肩負著提高生產力的重任。這一次威爾許把提高生產力的責任下放到工廠車間的工人。他給這一轉變取了個名字，叫作「充分授權」。他說:「過去，我們的管理人員習慣於對員工指手劃腳，指示他們做這做那。『聽話』的員工按時按量地完成任務，但也不會自覺自願地多做些什麼。現在情況是如此不同。我們常常驚訝於員工們主動完成任務的積極性：有那麼多事情，管理層甚至沒有想到，我們的員工卻已不僅替我們想到了，而且『悄無聲息』地做完了、實現了。」

毫無疑問，通用電氣的員工開始以一種全新的觀點對待他們的工作。

不過，「充分授權」說起來容易，做起來難！尤其是對於像通用電氣這樣的龐然大物，放棄對員工一貫的嚴密控制和指導就更加困難啦！

那些習慣了專制和命令的管理人員，現在要做的，恰恰就是將他們手中的決策權下放給生產線上的一線工人，由工人們自主地安排自己的日常工作，並為公司的發展貢獻自己的智慧和力量。因此，幻想管理人員和員工手拉手共同奮鬥的願望雖然美好，但那畢竟只是個美麗的幻想罷了。事實上，這兩者之間存在著本質上的差別；在某種情況下，甚至是某種對抗。

1991 年春天，有位員工就向威爾許「坦白」了他對基層管理工作的看法：「我們 90%的時間和精力花在與管理層的對抗上。不過，我並不認為這有什麼錯，因為您的那些管理人員也花費了 95%的精力對付我們。」

在這種情況下，威爾許希望，通過對員工的充分授權，能夠使員工感到工作的愉快，進而激發他們對工作的興趣和積極性，以提高通用電氣的生產力水平。

威爾許的「充分授權」方案簡單、明瞭：

(1) 依靠一線工人的力量，解決生產過程中的日常問題。

(2) 讓員工意識到，自己的工作業績與公司的未來息息相關。

(3) 為公司樹立一個共同的目標，以引起外界的關注，特別是華爾街那些觀察家的注意。

威爾許對各部門的領導者說：「過去，我們看問題，採用的是另一種方式。經理們各自掌管一個企業，吆喝著我們的員工，催逼他們拿出成績，完成有關的指標。今天，我們不相信這種人能取得成功，不相信這種行為能夠持久。你必須遵循我們的價值觀，激發每一個人的才智，讓每一個人參與。只有這樣，才能在今天這種全球競爭的環境裏取勝。你再也不能簡單地依靠那種陳舊的領導作風了。」

多年來，威爾許一直對華爾街當年曾經批評通用電氣不過是一堆沒有統一的目標、缺乏發展之重點的「大雜燴」十分惱火，他一直把這句話牢牢記在心裏。

經過長達 7 年的耐心等待，他才開始實施他的「充分授權」經營戰略。有時，他自己也經常覺得有點遺憾，似乎應該早點兒賦予員工「自由」的權力。但是，理智告訴他，「早點兒開始」恐怕並不現實。

在變革初期，不確定的因素實在太多了。而員工的心理狀態也仍然被不安全感所籠罩。每天快下班時，他們總是為明天是否還有手頭的這份工作而惴惴不安。當時，威爾許很明顯地感覺到了這一切：

「授權、解放、激勵等等，要將這些思想灌輸到一個已過度膨脹的官僚組織中，剛開始是很困難的。我們會造成員工思想的混亂，因為這些做法會嚇到他們。我根本不能確定員工們是否能夠接受這些思想，並信任他們的管理人員。」

直到 1990 年，諸多條件均已成熟之後，他才開始通用電氣第二階段的變革。他把它叫作「合力促進」經營戰略。「合力促進」的本質便在於：鼓勵員工，樹立員工的自信心，讓員工感受到自己的貢獻與公司的總體目標息息相關。

當然，威爾許極力推行的「合力促進」經營戰略，並不是說管理人員不如一線工人那麼聰明，而是提倡一種信任員工的理念，把員工真正視為公司一個不可分割的部分。他認為，如果公司能夠做到這一點，得到的回報便會是員工們高效的生產力以及整個公司的興旺發達。

創新經營實戰之三：營造公司的學習文化

殼牌石油公司總裁曾說：「惟一持久的競爭優勢，或許就植基於具備比你的競爭對手學習得更快的能力。」

《財富》雜誌也做出類似的評論：「拋棄那些陳舊的領導觀念吧！ 20 世紀 90 年代最成功的公司將是那些建基於學習型組織的公司。」

麻省理工學院的彼得．聖吉教授表示：「我們對領導者的傳統看法是：他們是確定方向、做出關鍵性的決定，並激勵團隊的特定人物。這種看法深深地根植於個人主觀和非系統的世界觀之中。特別是在西方世界，領導者等於是英雄，他們常常在危機時刻挺身而出。我們對領導者的嚮往仍然停留在騎兵隊隊長率領麾下部隊衝鋒陷陣，從印第安人手中救出移民者的印象。只要這種傳奇存在一天，它們就會強化那種大刀闊斧式的具有傳奇色彩的英雄形象，而不是去強調依靠制度的力量和集體的學習精神。」

英國管理學家賀森曾經分析過一些企業領導者，最後得出的結論是：舊式的領導方法和風格再也無法適應當今的局面。新時代的領導者必須同時以教練、啟蒙者及問題解決者之身，為企業增加價值；必須讓我們因為成敗而接受獎勵和承擔責任；而且必須持續評估並強化本身的領導角色。

按照專家的觀點衡量，如果要在全球評選一位這樣的企業領導人，最能夠高票當選的就是通用電氣公司董事長兼首席執行長傑克．威爾許。為什麼這樣說呢？因為威爾許在領導通用電氣的 20 年中，始終全力追求把通用電氣這個百年企業巨人塑造成一個學習型組織，一個思想和智慧超越傳統的新型企業。他喜歡說，通用電氣競爭力的核心在於通過商業活動，通過他所謂的「無邊界組織」，共享好主意。他把公司看成一座大本營，共享思想、金融資源和管理人才。

讓創新的思想在公司內自由流動。

通用電氣是一個多元化的機構，它製造發電機、燈泡、飛機發動機及機車；通用資本服務公司是全美最成功的金融服務公司之一；通用電氣麾下的 NBC 則是全美主要的電視網之一。很多分析家認為——在威爾許就任之前，鑒於通用電氣高度的複雜性和其龐大的組織規模，它將很難實施有效管理。

1981 年，當威爾許開始出任通用電氣首席執行長時，他腦海中並沒有在通用電氣建立學習型組織的念頭。當時，他首先將注意力集中於並不符合其標準的公司業務組合上。一旦在其硬體（例如重組、裁員、併購和「數一數二」）階段進行了重要的改造以後，他就可以將注意力轉向培育學習型組織的內部結構。

華爾街總是愛批評大型組織，說這些所謂散亂的集合體缺乏一致性。威爾許反對這種說法。他正告世人，通過營造一種「互相學習的公司文化」，通用電氣的多樣化和複雜性完全有可能轉化為公司無可比擬的無形資產。

互相學習的文化將促使通用電氣的各個事業部門廣泛地吸收來自其內部（或是外部）的各種好點子、好主意，並將其中最優秀的想法付諸實踐。

威爾許一直強調一種類似於「融合性多樣化經營」的業務組合思想。就任通用電氣首席執行長初期，他便提出了這種觀點。它有效地幫助通用電氣進一步融合了其各種業務組合。或者說，它至少給人留下這樣一種印象：大規模和多樣化經營的組織仍然有它自身的價值。

然而，仍有許多人懷疑這樣一家擁有 350 個事業部的巨大公司怎麼能夠有效地交換資訊？通用電氣某一事業部的人如何從另一個迥然不同的事業部學到東西？

對此，威爾許說，這些事業部之間互相學習非常簡單。即各個事業部門分享各自所擁有的知識。知識共享將有可能賦予公司強大的競爭優勢，並最終帶來年增長率的大幅度攀升。他力勸雇員不要把事情搞複雜。當然，他心裏明白，龐大而多樣的公司本質上存在難以克服的缺陷。不僅需要強有力的業務之間的融合，更需要強有力的多樣化業務組合的個體，才能夠實現整個組織的有效運作。惟有如此，才有可能實現整個組織的運作有效性優於各個業務部門運作有效性的簡單相加。

威爾許一直提倡好學精神。不過，早些年，他使用「協調的多樣化」的概念，把它描述為「消除了部門之間的界限，思想可以在公司內流動」：「通過共享思想，尋求先進技術的多種應用方式，和在事業部門間保持人員流動以開發新見解，拓寬經驗，從而把通用電氣各個事業部門有機地結合在一起；而協調後的多樣化使我們的公司比各部分單純的疊加更為強大。」

他經常提到，通用電氣的獨一無二之處在於它是一家具有好學精神的多元化企業。這使它的多元化成為競爭優勢，而不是相互牽制。「必須強制分享和運用那些新主意。這種無界限的好學精神否定了通用之路是惟一的道路，甚至是最好之道路的觀點。如今，一個重要的假設是：別的人，別的地方，會有更好的辦法;一個迫切的壓力是找到誰有好主意，學到它，並將它討諸實踐——而且要快。」

經過仔細觀察，他發現，只有在多樣化經營組合的各個組成要素——即通用電氣的各個業務部門本身具有強大的實力時，融合性的多樣化經營組合才能夠奏效。他對華爾街聲稱，這便是他為什麼在 80 年代大力提倡各個業務部門自身必須成為業界之強者的一個重要原因。為了說明自己的觀點，他解釋道：「有許多公司在多樣化經營方面做得很好，也有許多公司在業務的融合上十分出色，卻只有為數很少的公司意識到融合性多樣化經營的真正價值所在，那就是建立真正有效的互相學習的企業文化。」

對於營造企業的學習氣氛，威爾許的評價很高，認為它至少能夠從以下多個方面有效地促進公司業績的提高：

(1) 毛利率的有效提高。過去近百年，通用電氣的年毛利率都少於 10％。1999 年，這一數字提高到

17.3％。2000年第一季度，毛利率水平首次突破18％大關；同年第二季度，它繼續攀升，首次超過20％。

(2) 庫存周轉率的有效提高。庫存周轉率是衡量公司資產運作有效性的一個重要指標。過去近一個世紀，通用電氣的年周轉率只能達到3或4次的水平；而1999年，這一數字提高到每年8次。

(3) 公司總收入的有效提高。在整個80年代，公司總收入只能達到個位數的增長。但自1992年起，它開始獲得兩位數的高速增長。

90年代初，威爾許提出了「合力促進」計畫，標誌著通用電氣開始張開它渴求新思想、好主意的巨大胃口。「合力促進」計畫最核心的理念基於這樣一個假設：不僅僅只有高層管理人員才知道什麼是最好的選擇。正如威爾許所說：「無邊界的互相學習的文化，杜絕了人們『通用電氣就是最好、最佳』的主觀思想。在當今劇烈變革的市場環境下，現實而客觀的看法是：我們必須接受和承認某個其它地方、某個其他人，他們擁有比通用電氣更好的主意、更好的辦法。所以，對我們來說，現實的做法就是：力圖找到這些優秀思想的發源地，學習它，並把它付諸行動，而且是快速地付諸行動。身為企業領導者，特別是像通用電氣這樣的超大企業的領導者，一定要知道，想法的質量並非與人的地位高低成正比，好的主意存在於任何地方。所以我們說，讓我們搜尋世界的各個角落，並獲得好主意。我們願意與別人分享自己的知識，更希望從別人的知識中汲取營養。我們將建造一個知識共享的『酒廊』。在那裏，我們相互交流和溝通，並在品嘗美酒的同時，共同分享知識和資訊。」

通過「合力促進」計畫的推動，通用電氣掀起了一場公司上上下下、各個層級之間廣泛的知識共享運動。這項計畫的最佳運行狀態是一種無邊界、無壁壘的知識交流和共享，就像威爾許所大力倡導的：不僅是通用公司內部思想的自由交流，而且是通用公司和其它公司之間的自由溝通。

「我們的確把通用電氣和它的各個事業部看作是一系列的實驗室，在裏面，大家充分而自由地交流思想，共享財務資源，並接受相同的領導和管理理念。不論是家用電器事業部、照明事業部，或是塑膠材料事業部及其它，它們的成功都離不開三個最基本的要素，那就是：建立良好的團隊、廣泛地交流資訊，並給予行動所必要的資源——就這些！」

談到公司內部思想的自由流通，威爾許最津津樂道的莫過於通用電氣各個事業部之間充分的資源分享——技術、設計方案、人事報酬制度、考評制度、製造工藝、用戶及本地化的資訊等等各種資源，都是通用電氣各個部門共享的對象。而像燃氣渦輪事業部與飛行器引擎事業部共享製造的相關技術，或是發動機事業部與交通系統事業部聯手研製火車頭推進系統，以及照明事業部與醫療儀器事業部合作改進X射線管的工藝等等相互學習和知識共享的實例，在通用電氣早已屢見不鮮。為此，通用電氣特地成立了通用金融事業部，以資助各事業部之間的創新與合作項目。

通用金融為通用電氣的快速發展立下了汗馬功勞。與其說它是一個金融部門，倒不如說它是一個資訊和資源的集散與分配中心：通用金融首先得到來自電力系統事業部的市場情報。由於身處於公用事業行業，所以它提供的市場情報翔實地反應了電力發電站的行業情況。然後從該市場情報中，它瞭解到，電力系統事業部在系統控制操作方面遇到了麻煩。於是，由它牽頭，一個新的、專門針對電力系統操控產品的事業部門正式成立。

90 年代中期，威爾許開始向通用電氣的所有員工灌輸一種相互學習及向外學習的責任意識。「總體而言，通用電氣的核心競爭能力就是各個事業部門之間的知識共享，以及一種無邊界、無障礙，自由的知識共享體系。」這句話，差不多成了他的口頭禪。他希望，通用電氣能夠真正把自己看作是一系列實驗室，在裏面，大家充分而自由地交流思想，共享財務資源，並接受相同的領導和管理理念。

1999 年年底，威爾許在年度管理會議上這樣說：「我們很快發現，開放和相互學習對於一個多樣化經營的組織來說，是何等重要。人們能夠從很多途徑學習知識，譬如說向那些偉大的科學家學習，或是從歷史上那些偉大的管理實踐和市場推廣的理論中汲取營養等等方式。但是，我們更應該注意，單純的學習是沒有意義的，我們務必做到融會貫通，並把學習到的東西運用到具體的實踐中。」

2000 年 4 月，威爾許對通用電氣股東大會發表演說，再次強調了貫徹相互學習之企業文化的決心：「我們堅信學習的力量，於是我們採用了組織扁平化的策略，並打破了組織結構中存在的各種本位主義壁壘，構建了一個無邊界、無壁壘，能夠促進知識自由流通的組織形式。我們試圖使得無私的思想交流和永無止境，對新思想的追求成為公司所有員工的本能。我們徹底清除了那些傳統的『防疫』措施，而開創了一個開放的、對資訊和知識『貪得無厭』的全新的公司風格。這一工作進行得非常艱苦，直到因特網出現。現在，通過因特網無所不在的觸角，資訊的傳播變得快速而暢通。在新興的因特網時代，那些不積極搜尋新思想、不採取對外開放思想的公司，注定將落伍於時代，最終將被時代的腳步所淘汰。」

當他注意到通用電氣已經培養起他期待已久的、獨特的學習氣氛時，他由衷地感到欣慰。當然，讓他最為自豪的不是通用電氣擁有眾多市場領導型的業務，也不是它那非凡的多樣化經營組合。通用電氣——全美惟一的，擁有如此大規模多樣化業務組合的同時，還具有學習型企業文化的傑出企業，才是他的驕傲。

對威爾許來說，主意是有價值的；但如果未被實施，它就一文不值。必須確保那些最優秀的思想精髓真正貫徹和實施。他說：「通用電氣之所以能夠出人頭地，能夠有別於其它公司，就在於它具有這樣一種文化氛圍：我們把公司多樣化經營的舞臺當作學習的無限機會，當作思想的倉庫。在這裏，人們不分地位和貧富，自由地交流與溝通。這種學習的企業文化的本質便是要求人們真正理解：一個組織最終、最持久的競爭能力就在於它的學習，而且在整個公司範圍內推廣所學習到的知識，以及快速消化吸收並應用到實踐的能力。因為，如果找到了那些最有價值的思想，而就此罷手，不加以應用，最優秀的思想也會生銹，也會散失它應有的價值。」

鼓勵員工「正大光明地剽竊」！

在威爾許上任之前，通用電氣被《財富》500 強執行長選為美國最優秀的公司。威爾許的前任雷格·瓊斯在同一次調查中被選為頂級首席執行長。通用電氣的邏輯就是：如果公司能夠獲得所有這些榮譽，那一定有其很好的理由。假如通用電氣不能知道答案，那麼任何人都不可能知道。

這種迴避現實的自滿自大是學習型文化的對立面，它的領導層彌漫著這種「我知道一切」、「我就是老大」的氛圍！

威爾許堅決反對這種盲目自大的態度。他認為，真正的真理其實是：你總能夠從別人那裏學習到有用的東西。

「一個主意的好壞與它的出處無關……好立意可以來自任何地方。我們必須四處尋找。我們同別人分享我們的所知，同時得到別人的所知。我們希望不斷達到新的高度，而只有不斷地同別人交流才能做到這一點。」

然而，在他上任之初，並未著力於建立一個學習型組織。因為他知道，萎縮的業務以及官僚主義正困擾著通用電氣，學習型文化不會在一個自大而逐步萎縮的組織中建立。因此，要在通用電氣建立一種學習型文化，必須首先解決它自身的問題。

威爾許將一個官僚習氣濃厚、等級森嚴，以命令和操縱為主的組織轉變為無界限、開放，學習氛圍濃厚的組織。這是他創新經營最具開創性的成就之一。

在通用電氣，一個員工可以獲取他想知道的重要資訊，並可以提出解決問題的創造性辦法。威爾許致力於消除通用電氣的界限並塑造一個相互信任和協作的氛圍。在通用電氣，資訊屬於大家，可以分享和獲取。威爾許說：「每次得到一個想法，我們就迫不及待地把它宣揚出去。有些想法宣傳太早了點，最終沒有淘出金來。不過，當我們看到一個想法真的為我們所喜歡，它就會被提交到博卡的會議上進行討論。」

在一個學習型的文化中，學習被置於企業的中心。威爾許從沒有停止談論學習及新思想的重要性。通過投資於學習，他也得到了豐厚的回報。

為促進員工堅持不懈地分享各自的最佳思想，通用電氣建立了一個公司行動集團，即業務拓展部。這是惟一一個經威爾許批准，可以擴大人員編制的公司部門。

1991 年，威爾許聘用了波士頓諮詢集團的加里・雷納擔任業務拓展部的總負責人，將它的主要任務從收購、兼併轉變為促進各種好思想在公司內的流動。加里的集團由 20 名左右的 MBA 管理人員組成。這些人已經做了三到五年的諮詢工作，他們都在這方面擁有豐富的經驗。

加里的公司行動集團並不僅僅傳播思想，他們也創造自己的思想。加里發現，通用電氣的銷售價格每年下降 1%，進貨成本卻持續上升。他用一個簡單的示意圖說明這個趨勢。這個圖表被稱為「怪物圖表」。之所以說它是個怪物，是因為它的銷售價格和進貨成本之間的差額日益減小。自然，利潤也就越來越低。

加里把他分析的結果提交到 9 月份的公司會議上。在 10 月份的執行長會議和 1993 年 1 月份的博卡會議上，通用電氣兩名最優秀的主管物資供應的領導參加了會議，他們在會上提出了如何降低進貨成本的方案。

隨後 4 年，各部門負責物資供應的領導每個季度都要到費爾菲爾德參加物資供應季度會議。每次會議都有一位副董事長或者威爾許本人出席，大家在會議上一起分享各家公司最好的物資供應管理辦法。

按照威爾許的想法，學習型文化的關鍵點之一是：不僅要鼓勵從競爭對手那裏「剽竊」最好的思想，還要確信員工知道挖掘偉大的思想是他們的責任。

在以前，通用公司一直倡導一種稱為「NIIH」（「非土生土長的」）的理念。意思是：假如某種想法不是產生於通用電氣內部，公司便不會對它感興趣。

如此自大，與威爾許的想法正好背道而馳。他覺得，在一個學習型組織中，思想至高無上。他實施了自己的無邊界規則，鼓勵員工汲取最好的思想，而不必在意它們來自哪裡。他說：「最重要的假設是：某些人、某些地方有更好的想法。」通用的核心價值，其內容之一就是：「對來自任何地方的思想全盤開放。」這是通用電氣學習型文化的根基。

威爾許推翻了那種認為最好的思想只源於公司內部的狹隘觀點，要求各部門領導必須使員工都意識到，應該把目光放眼到世界的各個角落，並從中汲取最優秀的思想精髓。

他鼓勵他的「部隊」經常、快速地掃描公司的各個角落，以搜尋那些具有借鑒意義的事物，加以研究，最後把其中有用的部分應用到公司的經營活動中。他為這種積極吸收外界思想的行為取了個專門的名字，叫「合法的剽竊」，並鼓勵員工「正大光明地進行剽竊」。即積極採納那些最優秀的思想——而不必考慮它們來自何處。

這看起來似乎很奇怪：威爾許怎麼會要求他的員工從外界「剽竊」資訊和思想呢？通用電氣難道不是全美最強大的公司嗎？多年來，令整個商界的領導者趨之若鶩的，不正是通用電氣的戰略和戰術嗎？難道通用電氣不正是教導別人「什麼是經營」的最佳人選？

「事實絕非如此。」威爾許正告世人：「我們千萬不要被這些愚蠢的念頭所蒙蔽。你們為什麼會主觀地認為我，傑克．威爾許，準知道如何經營呢？我自己從不認為自己通曉經營的祕密。相信我，我真的不知道。」

威爾許還認為，剽竊點子並不可恥。通用電氣採用過克萊斯勒和佳能公司的新產品研發技巧；從通用汽車和豐田汽車學會了有效利用資源的技巧；從摩托羅拉公司學到品質提升的方法。他說：「擷取好點子，加以利用，不管來源是哪裡，這才是真正榮譽的象徵，本質上沒有錯。確實，它應該是一種美德。」

對威爾許而言，能夠吸取外界的養分，並付諸實踐，而不考慮它的出處，是一件很光榮的事。從本質上講，這絕對沒有任何錯誤。相反，這正好是個難得的優點。

1991 年 10 月，沃爾瑪公司的老闆薩姆邀請威爾許去阿肯色州本頓維爾出席沃爾瑪的高級經理會議。早在 1987 年納什維爾舉行的一次沃爾瑪公司地區經理會議上，威爾許就認識了薩姆。

在參加本頓維爾會議的那一天，威爾許「剽竊」到一個他最喜歡的「沃爾瑪理念」。

每個星期一，本頓維爾的沃爾瑪各個地區經理都要飛回自己的負責區域。隨後 4 天，他們要巡視自己的商店，考察競爭對手的各種經營情況。星期四晚上，他們飛回本頓維爾；星期五上午，與公司的高級管理人員開會，向他們彙報自己從基層得到的各種資訊。

如果兩個地區經理發現某家商店或某個地區商品賣得特別紅火，總部就會從其它商店調一批庫存過去，以補充銷售缺口。在那次本頓維爾會議上，沃爾瑪的經理們報告說：天氣在中西部已經非常暖和，但在東部還很冷。他們的防凍劑在一個地方出現過剩，在另一個地方卻很短缺。沃爾瑪的與會人員當場便解決了這個問題。

最基層水平上的用戶、在每一家商店櫃檯旁的消費者的脈搏隨時都會被沃爾瑪的最高管理層準確地感受到。來自業務一線的經理對市場高度敏感，負責資訊管理的人員則擁有高科技，將兩者完美結合正是沃爾瑪成功的祕訣之一。

作為美國乃至全世界的一家大型商業連鎖銷售公司，沃爾瑪擁有非常先進的電腦控制系統。在本頓維爾會議上，來自全國各地的一線銷售經理們一個接一個講述各個基層單位的銷售情況。出席會議的公司資訊系統高科技人員則隨時對地區經理的各種要求做出反應。

從本頓維爾回來後，威爾許非常興奮。他一直思考著一個問題：如何學習沃爾瑪的做法？如何在通用電氣公司應用沃爾瑪的這種做法？在薩姆同意下，他安排了通用電氣公司的管理團隊到本頓維爾，出席沃爾瑪周五的會議。

這種將對市場的敏感和高科技的資訊管理結合起來的做法深深吸引了通用電氣公司的管理人員。他們把這種理念移植過來，將其融入通用電氣的企業文化中。

他們每周都要跟一線的銷售團隊聯繫。除了 CEO，公司的營銷、銷售、製造等部門的高級經理都要接聽電話，以隨時發現問題並立即做出反應——不管是運輸、價格還是產品質量。

這種被威爾許稱為「快速市場信息」的做法，已經在通用電氣公司廣泛展開。這一做法非常有效，它拉近了管理領導人員與用戶之間的距離。這種做法能在現場解決產品的適用性糾紛，並能發現一些產品質量問題。如果不是通過這種做法，這些問題一般要經過很長時間以後才可能被發現。

領導者不要忘記向員工學習

真正的好學精神要求不放過任何一塊可能蘊育著新知識的園地。然而，領導者通常忽視了一個重要的智慧源泉——他們自己的員工。他們總是錯誤地以為，關於公司的經營方略，員工最不具發言權。

威爾許的想法恰恰相反。他對員工集體智慧的信任，使他做出決策時往往倚重於此，有時甚至取決於員工的判斷。當然，他並非隨意地到工廠或辦公室的員工中間去道聽途說地搜集零散的資訊。他的做法縝密而且系統。他深知，運用專業的調查技巧，可以使他通過對一定比例的員工進行大規模地廣泛調研，深入瞭解每一年度員工們的意見和建議。

在他眼裏，員工是智慧的源泉。在一次調查中，員工提出通用電氣應當改進質量。他當即完完全全採納了他們的建議。他深信，員工是公司完善經營和發展業務的基石。

自 1994 年以來，每年 4 月份的第一個星期，威爾許都要對通用電氣的全體員工發放被稱為首席執行長問卷的調查表，以徵詢員工對於公司整體經營策略的意見。他運用此項調查，探索普通員工對於公司各項舉措的接納程度，瞭解公司為貫徹各項舉措，是否需要增加人員和資金的投入。

威爾許進行問卷調查的初衷是為了印證他本人的經營思路和創意是否與公司的實踐一致。逐漸地，他意識到，問卷調查的價值決不僅僅局限於實踐檢驗，它實際上已成為他所極力推動的學習精神的一部分。通過民意調查，他領導下的通用電氣可以及時糾正其經營策略。

自 80 年代，威爾許便開始大力推行他的無邊界、無壁壘的戰略，以及他的開放性、非正式組織的思想。之後，他便著手創建自己心目中的新型通用電氣。

90 年代末期，他更是投入了極大的精力，進一步鞏固和加強學習文化在通用電氣的廣泛傳播和深刻理解。

威爾許為學習型文化奠定了一個基本前提：「我們並不能知道所有的答案。」在通用電氣的歷史上，只有發明創造者而非工作者才被奉為英雄。托瑪斯·愛迪生不是一個很好的商人，是摩根在 1892 年使他嶄露頭角。但很顯然，是愛迪生而不是摩根成為通用電氣公司 19 世紀 90 年代的英雄。

然而，今天的通用電氣不僅可以靠發明，而且可以通過想出一個好主意，並在你的部門中應用而成為英雄。已經成為通用電氣員工心目中之「聖人」的威爾許清楚地知道，如果通用電氣的一切決策都依賴於一個「傑克·威爾許」，他苦笑著說：「那麼，通用電氣這艘航空母艦將在一小時內沈沒。我只知道，我們必須變得更具競爭力。而獲取更大之競爭力的惟一途徑便是發揮組織中每位成員的智慧。必須讓所有的員工更多地參與公司的經營，不再有人是旁觀者。」

像通用電氣這樣的大型企業，其觸角遍布全球，其資訊和新思想的來源也是全球性的。但是，要把這些資訊和思想轉變成現實的競爭優勢，只有惟一的一種方法，那就是開發出一種被威爾許稱為「廣泛傳播、對新思想求賢若渴」的企業文化。此外，還應該建立一種機制，要求組織內的所有員工進行資訊的有效交流和共享，以及對新思想的快速實踐。

然而，想要調動所有員工的積極性談何容易。正如威爾許所說，通用電氣善於調動人力和物力。但是，調動思想卻是件非常困難的事。曾擔任過克羅頓維爾領導中心負責人的史蒂夫・科爾這樣向人們描述威爾許所營造的學習氛圍。他說：「傑克・威爾許告訴我們，調動思想其實很簡單。一旦你的思維被打開，你的腦子裏就會不斷出現這樣的念頭:『為什麼不向塑膠部門學習？』威爾許讓人們相信，有一些最好的經驗值得你去學習；而如果你沒有發現這些值得學習的東西，你便會感到十分遺憾。」

威爾許最為得意的有關「學習型文化」應用實踐的例子當屬醫療儀器事業部研製的遠端控制型 CT 掃描器技術。這項技術使得遠端的在線檢測和維護成為現實。這一特性也使得通用電氣的客戶服務水平大為提高，往往在客戶自己尚未發現設備的潛在故障時，它已經通過遠端的監控，排除了故障。

醫療儀器事業部奉獻出這項技術，與其它各事業部進行分享，例如噴氣式引擎事業部、火車頭事業部、發動機與工業系統事業部及電力系統事業部等。應用這項技術研製出的各類新一代產品普遍增加了遠端監控的功能，例如噴氣式引擎在飛行中的監控，火車頭負載運行中的監控，發動機在造紙廠的工作狀態之監控，渦輪發動機在用戶發電站的工作情況之監控等等。

有人問威爾許，他是如何保證資訊在各個事業部門之間的溝通與交流。威爾許解釋道：「在通用電氣，每個季度都會在克羅頓維爾舉行一個由 30 名高層領導人員參加的、為期兩天的商談會議。來自各個部門的領導，如網路部門總經理、電力系統部門總經理等聚集一堂，就某個特定的領域出主意、想辦法。

「48 小時後，會議結束，大家紛紛離開克羅頓維爾。此時，我們不敢說自己是世界上最聰明的一群人，但我們自信，我們將是世界上最瞭解某個相關領域的團隊，因為在過去的 48 小時裏，我們深刻地探討和交流了對該領域的看法。中國正發生什麼變化？這個行業或那個行業有些什麼新情況？ 48 小時裏，大家自由地交流看法，每個人都瞭解了世界上正在發生的、有意義的事。克羅頓維爾就像一個家庭俱樂部，而我所要做的就只是坐在某個角落，促使並維護眼前的這一切順利進行。

「學習，一切都取決於學習。這是我們信奉的原則。而一個相互學習的組織已在通用電氣實現。大多數組織並不渴求從開會中得到什麼新鮮的東西。這是為什麼呢？因為出席會議的每個人都來自相同的部門，他們談論的一切都只與一個領域相關。我們則不同。我們熱烈地討論各個部門的互補計畫，談論興起的中國，談論某個新奇的經歷……」

看起來似乎輕輕鬆鬆地學習型企業文化，實際上讓通用電氣各部門的管理層感到莫大的壓力。史蒂夫．科爾如此描述：「有時，一些管理人員對我說，他想到一個『極佳的主意』。接著，傑克．威爾許便會親自來看看這個『極佳的主意』。之後，他還將繼續幫助我把這個『極佳的主意』推廣到整個公司。而他的到來，使我放棄了獨自享用這個『極佳的主意』的任何念頭。」

所有的管理人員都明白，在通用電氣，只是想出好的辦法或點子是得不到任何獎勵的；只有無私地與別人共同分享這些好的思想，才會受到獎勵。

在威爾許的大力推動和領導下，通用電氣各事業部之間共享了很多東西，包括技術、設計、人員補償和評價系統、生產以及顧客的地區資訊。例如，汽輪機事業部分享了通用飛機發動機事業部的製造技術，發動機事業部和交通事業部一起致力於新的機車推進系統，照明事業部和醫用系統事業部合作改進 X 管，資本事業部為各事業部提供革新的財務計畫等等。

好學精神已成為通用人思維方式中不可或缺的一部分。照明事業部負責人卡爾霍恩對此頗有同感。「在這兒工作很有意思！」他說：「最難的就是坐在你自己的辦公室裏，全憑自己去構思一個新主意。現在我們可以走出去學習，然後實施。現在會有很多主意，你只需從中篩選你想要的就行了。」

通用電器事業部無論在產品質量還是經營品質上都做得十分出色，但它在質量計畫上的進取心和關注程度不如其它事業部。它的負責人花了兩周時間帶著他的全部人員考察全美，帶回最好的經驗。兩個月後，電器事業部在經營品質上就名列前茅了。

這位負責人說：「在集團中，處於中游的位置會使人沮喪。繼續向前、不斷學習的壓力很巨大。你永遠不能坐下來說：『可以歇一會兒了。』實行一種最佳方案並把它不斷改進、提升到一種更高的層次，將使人得到一種高度的自豪感。」

通用雇員調查顯示，87%的人認為他們的主意很重要。如果是 20 年前，這個數字可能僅為 5%。威爾許很高興地看到他的屬下雇員能自覺地接受這種好學精神。

1997 年夏，通用電器事業部派了一個 2 人小組去另一個通用部門學習經驗。那是他們最有活力的計畫。他們將彙集所有的好主意，然後在8月底會面，研究下一步能做什麼。這是截然不同的思路。如果一個機構中的每一個人都在努力尋找更好的辦法，它就能夠自我完善。

到 20 世紀 90 年代後期，威爾許所倡導的學習精神已滲入通用的企業文化之中。這種好學精神反映了公司的開放原則，鼓勵組織中各階層交換想法。這種無界限行為超出了通用電氣本身。威爾許鼓勵員工不僅在公司內部，而且同其它公司交流思想。

在 1993 年給股東的信中，他坦率地承認，通用電氣大量借鑒並得益於其它公司的好主意。尤其令他得意和自豪的是，通用電氣的質量計畫不是自己發明的，是摩托羅拉公司首先發明了它，而後通用電氣才根據自身的實際情況學習，運用。

1997 年夏天他說：「如今人們到處尋找好的想法。如果我從摩托羅拉或其它什麼地方學習到東西，這是一種勇氣的象徵。而在過去，這通常是一種無能的象徵。職位和官銜並不重要。如果某個主意可使我們獲勝，它就是一筆很划算的交易。」

有人認為通用電氣的成就主要依賴於它那獨特的企業文化，尤其是威爾許所全力推動的學習氣氛。梅里爾．林奇的兩位分析師，第一副總裁珍妮．D．特里爾和助理副總裁卡羅爾．薩巴格如此寫道：

「我們認為通用電氣是一個大型、有吸引力、低技術的美國公司，它本來可能因其久遠的資歷而自命不凡。但它沒有。它的產品可能不會使它偉大，因為在今天，他們必須進行品質的創新。NBC 不頂用，燈泡、機車及家用電器都不是持續增長的產業。即使通用中最令人振奮的部分工業——發電、醫療器械和飛機發動機——也受到競爭對手強勁的壓力。看起來沒有什麼實在的浪潮能推動整個通用前進。

「英代爾公司趕上了潮流，迪士尼、耐克、微軟等公司也如此。然而，通用，不管是在好日子還是壞日子，總能盈利，而且表現出色。看來，這只能歸功於經營管理藝術了……像 16 世紀的英國，雖然氣候很差，但湧現出許多偉大的藝術、探險活動並帶來了經濟增長。通用雖然產品有時銷路不暢、環境不利，但令人讚歎的經營管理藝術總能使它有所發展。公司可能像又大又老的古木，但通用的經營管理絕不是這樣。」

分析師們整理出來的這些東西也可稱之為傑克・威爾許因素。特里爾和薩巴格指出的「令人讚歎的經營管理藝術」就是由威爾許創造的。

的確，學習型企業文化使威爾許及其通用電氣走向令人矚目的成功。因此，我們完全可以這樣說：沒有通用電氣在全公司範圍內傳播其智慧和價值的學習氛圍，也許就永遠沒有傑克・威爾許傳奇般的成功。

| 第四章 |

創新經營核心：以人為本，投資於人

傑克・威爾許語錄：

每一天，每一年，我總覺得花在人身上的時間遠遠不夠。對我來說，人就是一切。我總是不斷提醒我們的經理：不管是在哪一個級別上的人，都必須分享我對人的激情。今天，我在他們面前是「大人物」；他們回到公司以後，在員工們看來，他們就是事實上的「大人物」。他們必須把同樣的活力、獻身精神和責任心傳遞給員工，傳遞給那些遠離傑克・威爾許的人。我的前妻卡羅琳總是提醒我——我曾經在這家公司工作了 10 年而不知道董事長是誰。我要求每一個通用公司的經理都要記住的一條重要原則是：在其屬員所關心的範圍內，「他們就是 CEO」。

在傑克・威爾許任職通用電氣公司 CEO 的最初幾年，他幾乎把這家擁有百年歷史的大公司翻了個「底朝天」。不到 5 年，他裁減了差不多四分之一，總數達 11.8 萬名員工，弄得公司上下人人自危，不知道自己明天的命運將會如何？

他們實在不理解，這個威爾許究竟要把愛迪生一手創辦起來的通用電氣搞成什麼樣子。然而，讓他們更無法理解的是，威爾許竟然在大肆出售企業、裁員員工的同時，卻投下鉅資，在公司總部修建豪華的健身中心、賓館和會議中心，並且計劃著要把位於克羅頓維爾的管理發展中心升格。

雖然沒有誰能夠理解他的所作所為，但威爾許心裏很清楚，他的一切行動都是出自「以人為本，投資於人」的經營理念。

創新經營實戰之一：「企業致勝的籌碼：尊重人才。」

1999 年 9 月，威爾許在上海出席「99《財富》全球論壇」期間，接受中國大陸中央電視臺記者專訪時，對他的經營管理思想做了概括性的說明：「一個是『讓每個人發表意見』；另一個是『尊重人格』。通用電氣經營管理的精髓就是這兩點。它理解每個員工的想法，尊重每個人。員工也用積極的工作回報公司。」

的確如此，在威爾許任職通用電氣 CEO 的 20 年裏，人始終是他經營管理風格的必備要件。人是最為要緊的。或者說，他們已被養成覺得自己是最重要的感覺。威爾許說：「我們把所有的賭注都押在我們的人上面。我們授權他們、給他們資源、照他們的方法去做。」

花時間與員工交流

威爾許指出，公司領導不是在真空中領導，必須透過在組織內外與人溝通，幫助其他人發揮他們的潛能。「發現優秀人才，可以通過各種各樣的渠道。但我一直相信：『你遇到的每一個人都是另一場面試。』因此，最好的 CEO 應該時刻記著一句話：溝通、溝通，再溝通！

目前企業界都已認識到回應速度對於企業在資訊時代生存的重要性，而回應速度的高低在很大程度上則取決於企業有無暢通的溝通機制。沒有順暢的溝通，就談不上敏銳的應變。威爾許說：「我們希望人們勇於表達反對的意見，呈現出所有的事實面，並尊重不同的觀點。這是我們化解矛盾的方法。良好的溝通就是讓每個人對事實都取得相同的意見，進而能夠為他們的組織制定計畫。真實的溝通是一種態度與環境，它在所有過程中最具互動性，其目的在於創造一致性。」

威爾許「以人為本，投資於人」的第一步，就是捨得花時間與人相處，與員工溝通。據統計，在他每天日理萬機的工作日程表上，至少有一半時間都花在與通用電氣公司的員工相處。他認識他們，與他們談他們所遇到的問題，在他們表現很差的時候痛罵他們。據他的助手說，世界各地許多分公司的主要管理人員，差不多超過一千個人的名字，他不僅能準確地叫出，還相當瞭解他們的職責所在。

他最成功的地方是在通用電氣公司建立起一種非正式溝通的企業文化。公司上下，包括他的司機和祕書，以及工廠的工人，都親切地叫他「傑克」。他最擅長的就是提起筆來寫便條和親自打電話。他每周都突擊視察工廠和辦公室，匆匆安排與他低好幾級的經理共進午餐。他極為重視領導人的表率作用，總是不失時機地讓人感覺到他的存在。

曾經有一個在威爾許手下低幾級的經理人比爾因為不願女兒換學校而拒絕威爾許對其調職和升官。威爾許知道後，寫了一張便條給他：「比爾，你有很多原因被我看中，其中一點就是你與眾不同。你今天的決定更證明了這一點……祝你合家安康，並能繼續保持生涯規劃的優先次序。」你想，當比爾收到公司大老闆的親筆信時，有什麼感想？威爾許對員工的關懷，已從主管和下屬的關係昇華為人與人之間的關係。這種非正式的溝通實在是最好的溝通。

另外，威爾許還常常「微服出遊」，和總部外的員工見面。他最常引用「雜貨店」的例子，要大家拿出「開雜貨店」的心態經營通用電氣。雜貨店的特色是顧客第一，什麼貨都有，價錢公道，店員沒架子，隨到隨見，沒那麼多繁文縟節。這些就是他所奉行的非正式溝通的精髓所在。

在通用電氣，任何人都可能收到威爾許的電子郵件。他會把公司最新的精神通過電子郵件，傳給所有員工，以此打破官僚主義。以前，他是寫便條。他的便條式管理舉世聞名。但自從他學會發電子郵件以後，他更喜歡給員工發電子郵件。問問通用電氣的員工，有誰沒收到過傑克．威爾許的郵件？

威爾許之所以這樣做，乃是因為他對人類潛能的瞭解。他說：「人類精神的思想交流絕對是毫無限制的，你只管去交流就對了。我不喜歡『效率』這個詞，我喜歡『創新』。我確信每一個人都很重要。」

這可不是說說而已。威爾許要最好的人才，他要聘請並留住他們，因為他們才是公司最大的財富。他曾多次對人說：「事實上，除了一群『甲級』人才之外，我們根本拿不出任何東西。什麼是『甲級』呢？對公司的領導階層而言，甲級就是一種遠見、而且能夠將這種遠見傳達給員工。這種傳達必須非常詳盡而且強勁有力，直到真正深入他們的內心為止。一個甲級的公司經理有很多個人能量，而且能幫助其他人充電，讓他們全力發揮；通常是在全球的基礎上。一個甲級的領袖要具有膽識，要具有做困難之抉擇的本能和勇氣，而且要公平和具備絕對的操守。」

很明顯，他是想通過與人的相處和溝通，發現並起用他所需要的「甲級」人才。

威爾許堅持獎懲辦法必須將個人的成就和公司的利益掛起鉤來，確保所有獎勵都仔細核實，並且根據不同的個人業績而有所不同。這樣做，所表達的意思就是：每一個員工的利益都與公司的利益息息相關。如果你贏，我們全部都贏。

除了精通溝通的藝術之外，威爾許還特別關心體貼下屬。很多年前，有一位通用電氣的中層主管在他面前第一次主持簡報，由於太緊張，兩腿發起抖來。這位經理坦白地告訴他：「我太太跟我說，如果這次簡報砸了鍋，你就不要回來算了。」

在回程的飛機上，威爾許叫人送一瓶最高級的香檳和一打紅玫瑰給這位經理的太太，並附上一張便條：「你先生的簡報非常成功。我們非常抱歉，害得他在最近幾個星期忙得一塌糊塗。」

任何一個好的領導人，都應該懂得用「棒子和胡蘿蔔」原理去贏得一個好的結果。在這方面，傑克．威爾許可謂「頂尖高手」。

走到一線員工面前，解答他們所提出的問題

「合力促進」活動剛開始的時候，管理人員與員工的交流並不順利。在員工與管理人員之間似乎高高矗立著一道無形的牆壁，嚴重妨礙了雙方之間的有效溝通。雖然這當中有傳統的影響，但更主要的還是員工缺乏向上司提建議的經驗。過去，他們很少向上司談及如何改善部門的經營，而公司也從沒有建立任何現實的激勵措施，促使員工提出自己的意見或建議。

慢慢地，員工們逐漸瞭解「合力促進」的概念。一次又一次的活動之後，威爾許所期望的事情發生了：終於有員工鼓起勇氣開口了。

有位電工在參加合力促進活動時，表示自己很樂於面對自己的老闆，開誠布公地提出意見和建議：「20 年來，你

一直被告知要保持沈默。而現在，有人告訴你，你可以毫無顧忌地講出心裏的話。我想，這確實是個好機會。我有很多建議想跟老闆談談！」

僵局一旦打破，員工的思想就猶如決堤的洪水一樣。他們一個接一個，悄悄地舉起要求提問的手。接下來的情況可想而知，活動現場呈現出積極踴躍的熱烈氣氛。

阿曼德．勞森是某次合力促進活動的管理層代表。本次合力促進活動的參與者來自通用電氣位於麻薩諸塞州林恩市（Lynn）的通用飛機發動機製造廠。勞森永遠都忘不了第三天，也就是活動的最後一天，他走進活動現場時的情形：

員工們是如此活躍，一個接一個問題撲面而來，等待勞森做出回答：行、不行，或是一個月後答覆。

勞森計算了一下，當天共有 108 項意見和建議需要自己回答，其範圍涉及廣泛，從具有提高士氣意義的工廠服務標誌的設計，到錫製品車間的興建等等。

對 108 項建議中的 100 項，他當場拍板同意。在這些被採納的建議中，其中一項便是同意林恩的員工與某供應商就一種新型的磨床保護罩進行公開競標。林恩工廠的一位計時工人在一個棕色的紙袋上設計出一種非常好的磨床保護罩。

最終，林恩工廠以 16000 美元的價格贏得了這次競標，而且其價格遠遠低於供應商的報價——96000 美元。這項磨床保護罩競標的建議也成了「合力促進」活動的成功典範：不僅為通用電氣節約了資金，還為林恩的工廠開闢了一種新產品。

一位年輕的女職員負責發行一份很受員工歡迎的工廠內部報刊。但是，在發行的過程中，她發現自己的工作中竟有那麼多的官僚障礙。

按照通用電氣公司的規定，每個月出版該報刊之前，她都必須得到 7 個人的簽名批准才能出版。在一次合力促進活動的會議上，這位女職員激動地對她的老闆講述了自己的困惑：「大家都很喜歡這份報刊，從來沒有人說它不好。而且，這份報刊還獲得過很多獎勵。我不明白，為什麼每個月都需要得到 7 個人的簽名批准，才可以發行這樣一份很受歡迎的報刊？」

聽完她的陳述之後，她的老闆十分驚訝地看著她：「真是瘋了！我不知道有這樣的事。」

「事情就是這樣。」女職員回答。

「沒問題！」老闆乾脆地說：「從現在開始，所有的審批手續一律取消。以後再也不用任何人簽名了。」

女職員開心地笑了。

另一名工人這樣對他的老闆說：「我已經為通用電氣工作 20 年了，有很好的工作記錄；我還得過管理獎。我愛這家公司，它已經讓我的孩子讀完大學，也給了我一個相當不錯的生活標準。但是，仍然有一些愚蠢的事我不得不指出。」

這個工人負責操作一台價值昂貴的設備，操作時，他必須戴上手套。然而，手套每個月都要破幾次。在操作過程中，為了領取手套，他只好叫另一位空閒的操作工頂替自己。但是，碰到沒有人的時候，他就不得不把設備關掉，走相當長的距離到位於另一座樓上的供應室，填一張表格，然後還必須到處尋找一個具體負責的管理員簽字，再回到供應室領取手套。為此經常使他浪費了一個多小時不能工作。

「我認為這是愚蠢的。」

「我也這樣認為。」老闆說：「我們為什麼那樣做呢？」這時，房間裏的每個人都想聽到原因。過了好一會兒，房間後面才傳來答案：「在 1973 年時，我們丟過一盒手套。」

「立即把手套盒子放在設備附近的地板上。」老闆下達了命令，又一個問題被解決了。

這一年，工人們的建議不僅為該部門節約了近 20 萬美元，同時也節約了很多工作。

總之，「合力促進」活動不僅促進了各種錯誤問題的紛紛曝光，也激勵員工出主意、想辦法，最終得出解決問題的具體方法。

通用電氣公司通過「合力促進」活動，到底收集和採納了員工多少好的建議，恐怕很難說出個準確數字，但肯定不會少，因為時至今日，它已成了通用電氣的最佳招牌經營策略之一。

威爾許為合力促進計畫的成功欣喜若狂。他堅信，合力促進計畫將是發揮員工創造性的最佳途徑之一。「合力促進是一個完整的計畫，它包涵很多內容：會議、團隊、培訓等等。其核心目標就是培養一種企業文化，在這種文化下，每個人的思想和創造性思維都得到認可與尊重；員工參與管理受到鼓勵；而管理風格則是領導型而非控制型，指導型而非指令型。合力促進計畫也是一種過程，在這一過程中，潛伏於員工身上的創造能力得到挖掘，生產力得到提高。」

1997 年夏天，像十年前一樣，威爾許再次發出響亮的號角，號召和鼓勵員工參與管理：「對管理人員來說，最重要的事莫過於尋找、尊重和培養員工的尊嚴和自由。你最終會發現這一環節是如此重要。因為一旦你給予員工自由發言的權力和尊嚴，並鼓勵他們參與到管理中來，讓他們感覺到工作的充實，使他們樂於提出自己的意見和建議，而你確保同樣樂於接受員工的意見和建議，此時，一切經營活動都將會順利進行。」

直到 2000 年秋天，通用電氣仍然如期舉行合力促進活動。只不過現在的合力促進，經過 1999 年下半年的調整，已經賦予了新的涵義。就像一位高層領導所說的，現在的合力促進計畫，「以掃除官僚主義及其造成的浪費、鋪張為目標，以集體的判斷為依據，採取聆聽和行動的方法，力圖找出做事情的更好途徑，並利用網路技術廣泛推廣，以期提高公司的生產力。」

威爾許的合力促進計畫也讓通用電氣的管理人員學到許多有用的東西。剛剛提出來時，公司的許多管理人員都以一種不相信、甚至懷疑的態度看待它。而管理高層發現，想要用言語表達出培養員工的尊嚴和自信的重要性又是一件非常困難的事。

合力促進計畫對於員工來說，也同樣極富挑戰意義。因為從表面上看，合力促進活動開展得越有效率，人員過剩的可能性越高，員工面臨解雇的危險也就越大。

不過，事實證明，大家的擔心皆屬多餘。通用電氣上下，隨著對話活動的迅速展開，大家似乎都忘卻了此前的疑慮和擔憂，每個人都積極參與合力促進的活動。

儘管人們無法量化地衡量合力促進計畫給通用電氣帶來的財務收益，卻沒有任何人懷疑合力促進在威爾許的創新經營變革中所起的關鍵作用。正是它，把員工的利益與公司的利益緊緊地結合在一起，將員工的參與精神及員工的主人翁意識最大限度地釋放出來。

創新經營實戰之二：
找對人，支付最高水準的薪資

傑克·威爾許說，世界上最聰明的人就是那些「雇用最聰明之人」的人。他一直承認自己無法勝任通用電氣內的任何一個關鍵工作（他不會製造飛機發動機），但他會雇用最

合適的人。他將「人的發展」視為通用電氣的核心能力。他說：「只要公司擁有出類拔萃的人，什麼事都有可能發生。一個出類拔萃的人抵得上五個平庸的人。」

因此，雇用最傑出的人，並確保那些真正有用的人才盡可能快地得到提拔。這正是威爾許認為他在通用電氣所做的最重要的事。他的傳奇之一就在於將通用電氣變成世界上頂尖的高級商業領導者的培訓基地。華爾街稱讚他：「雖然其他的商業領導者比通用電氣的董事長更常博得新聞界的關注，但沒有任何一家公司能像通用電氣那樣，如此擅長培養《財富》500 強的未來領導者。」那麼，威爾許究竟如何「雇用最聰明的人」呢？

「10% 淘汰率」的活力曲線

2000 年下半年的一天晚上，威爾許獨自一人到紐約第五大道的一家商店買襯衫。在導購小姐幫他挑選合適的襯衫時，商店老闆走了過來。

這位老闆是一位義大利裔年輕人，前一晚剛剛在電視上看到威爾許的訪談節目，他對威爾許所提出的不斷裁掉公司裏最差的 10% 員工的觀點很感興趣。

「對不起，威爾許先生，我能請教您一個問題嗎？」這位老闆一邊禮貌地說著，一邊把威爾許請到樓梯口旁邊的隔間。在那裏，沒有人能聽到他們的談話。

「是這樣的，威爾許先生，我的店裏只有 20 名員工，難道我一定要淘汰掉其中的兩人嗎？」

「基本上是這樣，小夥子，如果你想擁有第五大道上最優秀的銷售隊伍的話！」

這次偶然的談話，讓威爾許開心的是，他的「10% 淘汰率」竟然深入到第五大道的一家小小服裝店。這也充分說明

「10% 淘汰率」還是頗有市場的。

所謂「10% 淘汰率」，是威爾許尋找了很久才總結出來的一套有效評價人才的方法。他稱之為「活力曲線」。他非常喜歡這套方法。

每年，威爾許都要求通用電氣的每一家公司為他們所有的高層管理人員分類排序。其基本構想就是強迫每家公司的領導者對他們所領導的團隊進行區分。他們必須區分出：在他們的組織中，他們認為哪些人屬於最好的 20%，哪些人屬於中間大部分的 70%，哪些人屬於最差的 10%。如果他們的管理團隊有 20 個人，那就可以知道，20% 最好的 4 個和 10% 最差的 2 個是誰——包括姓名、職位和薪金待遇。表現最差的，通常情況下都必須走人。

這樣的區分，把人分成 A、B、C 三類：

A 類主要是指這樣一些人：他們充滿激情、勇於任事、思想開闊、富有遠見。他們不僅自身充滿活力，還有能力帶動自己周圍的人。他們能明顯提高所在部門的業績，還能使公司的經營充滿情趣。

他們擁有「通用領導能力的四個 E」：旺盛的精力（Energy）；能夠激勵（Energize）別人實現共同的目標；有決斷力（Edge），能夠對是與非的問題做出堅決的回答和果斷的處理；最後，能夠堅持不懈地實踐（Execute）他們的承諾。

實際上，通用電氣最開始用的是三個 E：精力（Energy）、激勵（Energize）和決斷力（Edge）。後來，威爾許發現用三個 E 的標準評價管理人員時，總會發現一些完全符合三個 E 的標準經理；他們精力充沛，能激勵他們的團隊，決斷力也不錯，可就是業績平平。經過仔細觀察和思考，他終於發現自己漏掉一個很重要的東西：這些經理所缺乏的就是實現既定目標的能力。因此，他增加了第四個 E——實踐（Execute）。

B 類員工是公司的主體，也是業務經營成敗的關鍵。需要公司投入大量精力，提高他們的水平，並希望他們每天都能思考自己為什麼沒有成為 A 類。經理的工作就是幫他們進入 A 類。

在威爾許看來，中層管理人員必須把自己視為團隊的成員和教練員。他們的工作是提供幫助，而不是控制他人；他們應該有能力去激勵他人，讚賞他人，並懂得何時需要這樣做。也就是說，他們應該做的是雪中送炭，而不是釜底抽薪。

C 類員工是指那些不能勝任自身正在進行之工作的人。他們更常做的是打擊別人，而不是激勵；使目標落空，而不是實現。對於這類員工，通用電氣沒有必要在他們身上花一分錢，得讓他們盡快走人。

「活力曲線」是威爾許區分員工是否優秀的最重要之工具。它是動態的，將員工按照 20-70-10 的比例區分出來，並逼迫各級管理者不得不做出嚴厲的決定。經理們如果不能對員工做出區分，很快地他們就會發現自己已被劃進 C 類的行列了。

一年又一年，區分的門檻越來越高並相應提升了整個團隊的層次。這是一個動態的過程，沒有任何人敢確信自己能夠永遠留在最好的那群人當中。因此，他們必須全力拚搏，時時向別人表明：他留在這個位置上的確當之無愧。

當然，像其它任何制度一樣，活力曲線並不完美。為此，威爾許將人才區分為 A、B、C 三類的意圖並不能完全實現。有時候——甚至很可能——某個 A 類員工被劃到占大多數的 70％那部分，因為想要對員工做出準確無誤的區分實在太困難了。但是，他認為：「（活力曲線）儘管可能錯失幾個明星或出現幾次大的失誤——造就一支全明星團隊的可能性卻會大大提高。」這就是威爾許如何建立一個偉大組織和經營成功的全部祕密。

對於各級管理者來說，擁有A類員工是一種管理業績。每個人都喜歡擁有A類員工。確認和獎勵中間70%的B類員工也沒什麼困難。但是，處理底部那些表現最差的10%就艱難得多。新上任的經理第一次確定最差的員工，一般不致遇到什麼太大的困難和麻煩。第二年，事情就困難得多了。到了第三年，「簡直就成了一場戰爭。」

「沒有人願意充當上帝，把人分成三六九等，特別是分出最底層的10%。區別對待是每個經理都感到棘手，卻不得不面對的問題。區別對待很難做到。誰覺得這很容易辦到，誰就不適於在這家公司生存。誰做不到這一點，也一樣。」

他們認為，那些明顯最差的人已經離開了這個團隊，他們不願把任何人放到C類裏去。他們已經喜歡上團隊裏的每個人，與每個人都有了感情。到了第三年，假如說他們的團隊有30人，那麼，對於底部的10%，他們經常是連一個也確定不出來，更別說3個人了。

經理們會想出各種花樣，以避免確定底部最差的10%。他們可能把那些即將退休或已被告知要離開公司的人放進去；有的經理甚至乾脆把那些已辭職的人列入最差員工的名單。

有一名公司經理做得更絕，手法可謂登峰造極：他把一位已經去世兩個多月的員工確定為屬於底部的10%。

這是一項異常艱難的工作，沒有哪個領導人願意做出這種痛苦的決定。威爾許一直面臨著激烈的反對，甚至是來自公司裏最優秀員工的反對。他總是親自努力去解決出現的問題，並經常為此感到內疚，總覺得自己還不夠嚴厲。因此，對任何一種想逃避的衝動，他都很堅決地把它壓下去。如果一個公司的領導把獎勵的方案上交，卻沒有區分出底部最差的10%，他總是把它們退回去，直到他們真正做出了區分。

對於那些幻想著把C類員工轉變為B類員工的管理人員，威爾許總是大聲說「不！」對那些認為活力曲線太殘酷的人，他解釋道：「有些人認為，把我們員工中底部的10%清除出去是殘酷或野蠻的行徑。事情並非如此，而且恰恰相反。在我看來，讓一個人待在一個他不能成長和進步的環境，才是真正的野蠻行徑或『假慈悲』。先讓一個人等著，什麼也不說，直到最後出了事，實在不行了，不得不說了，這時候才告訴人家：『你走吧，這地方不適合你。』此時他的工作選擇機會已經很有限了，還要供養孩子上學，支付大額的住房貸款。這才是真正的殘酷。」

獎勵最優秀的人才

美國研究企業獎賞問題的專家梅爾文·斯塔克指出：「在最受讚賞的公司中，持有股份、獲得優先購股權和獎金資格的員工比一般公司多得多。例如，在聯邦快遞公司和英代爾公司，所有員工都有這種資格。這種可變性報酬比每個人所得到之總報酬的平均額高得多。」

威爾許認為，獎勵最優秀的人，僅僅作為一個詞或一句話是不夠的，必須用一套制度支持才能使其生效。對通用電氣來說，最主要的就是必須改變過去那種獎勵最優秀人才的方式。以前的制度是把年度分紅作為最大的獎勵，獎勵的依據是員工所在的單個企業的業績。某一員工做得好，即使整個公司業績很不好，他仍然可以拿到分紅。

威爾許最不能容忍這樣一種想法，即整艘公司大船正在下沈，而船上的某些企業卻只顧自己靠岸。他的想法是，應該加大股票期權獎勵的幅度和頻率，好讓員工們看到，他們從整家公司的經營業績中得到的收益遠遠超過他們從各自企業中得到的任何收入。1989 年之前，每年獲得公司股票期權的有 500 人；而 1989 年，這一數字已擴大到 3000 名最優秀的員工。1999 年，大約有 15000 名員工得到股票期權。1981 年，對所有在通用電氣工作的人來說，所實現的股票期權收入只有 600 萬美元。4 年後，這一數字上升到 5200 萬美元。1997 年，10000 名通用員工實現的股票期權收入為 10 億美元。1999 年，大約 15000 名員工獲得 21 億美元的期權收入。2000 年，約有 32000 名優秀員工持有價值超過 120 億美元的股票期權。

「獎勵你的員工——這就是經營成功全部訣竅之所在。身為一個領導者，我所做的最重要的一件事就是論功行賞，獎勵最優秀的人才。我覺得，對一個員工，最好的獎勵應該是，從他們處於最底層時就告訴他們，公司會讓他們有機會調整自己的生活，找到合適的工作，擔任適當的級別。在我看來，這比那種光是在嘴上空喊的公司強得多。」

威爾許這樣說，也這樣做。身為活力曲線制度最積極的推行者，他很清楚，良好的機制需要配套的獎勵制度；他更清楚，活力曲線必須有獎勵制度的支持：提高工資、股票期權及職務的晉升。他確信，向表現最佳的員工分配股票期權是一種行之有效的經營管理方法。

通用電氣在威爾許擔任 CEO 期間，一般而言，A 類員工每年得到的獎勵大約是 B 類員工的二到三倍；每一次評比，公司都會給予他們大量股票期權。B 類員工，大約有 60 ～ 70％的員工得到股票期權；每年公司會根據他們的貢獻，確定具體的獎勵幅度。至於 C 類員工，他們一分錢的獎勵也得不到；而且，他們只能被清除出公司。

威爾許指出：「我們把人分成三類：前面最好的20％、中間業績良好的70％和最後面的10％。」他說，在通用電氣，最好的20％必須在精神和物質上受到愛惜、培養和獎賞，因為他們是創造奇蹟的人。失去一個這樣的人，必須被看作是領導的失誤——這是真正的失職。最好的20％和中間的70％並非一成不變。人們總是在這兩類之間不斷流動。但是，「依照我們的經驗，最後的那10％往往不會有什麼變化。一個把未來寄託在人才上的公司必須清除那最後的10％，而且每年都要清除這些人——以不斷提高業績水平，提高領導者的素質。通用電氣的領導者必須懂得，他們一定要鼓舞、激勵並獎賞最好的20％，還要給業績良好的70％打氣加油，讓他們提高進步。不僅如此，通用電氣的領導者還必須下定決心，永遠以人道的方式，換掉那最後10％的人，並且每年都要這樣做。只有如此，真正的精英才會產生，才會興盛。」

威爾許執掌下的通用電氣，每一次在決定增加工資、分發股票期權或提升職級的時候，「活力曲線」都是最重要的參考標準。每一個人所得到的獎勵，其基本依據就是他們在這條曲線上所處的位置。

威爾許認為，失去A類員工是一種罪過。身為一名公司領導者，一定要熱愛他們，擁抱他們，親吻他們，不要失去他們！每一次公司發生失去A類員工的事情之後，他都要求相關部門的經理認真檢討，並一定要找出造成員工流失的具體責任，堅決杜絕類似的事再發生。這種做法很有效。據統計，從1990年至2000年的10年時間裏，通用電氣每年失去的A類員工不到1%。

如何獎勵最優秀的人才呢？威爾許主要倚重於通用電氣各公司執行長所稱的組織生命圖。組織生命圖是對活力曲線的進一步細化：業績和表現最佳的頂尖人才占 10%，是員工的職責模範；表現優秀者占 15%；中間 50% 為良好表現的核心層；後面的 15% 是介乎兩者之間，表現一般；最底部的 10% 表現最差。

威爾許指出，獎勵應該與員工的表現結合起來，職責模範和表現優秀的前 25% 應該獲得最多的股票期權，而良好表現的核心層也應得到合理的獎勵份額。他堅決反對介乎兩者之間或最差表現者得到任何獎勵。

1996 年底，通用電氣對於獲得股票期權的人進行了一次認真的審計，以期發現是否表現低劣者得到了不應有的獎勵。結果發現，被認為表現最差的人中有 8% 獲得了股票期權，其中 23% 在「警戒」區內。

威爾許的高級助手比爾．科納蒂表示：「當你看到組織生命圖時，你可能會說：『你處理得相當好！但你似乎對待中間 70% 的某些人比對待頂尖的 20% 的某些人更好。』實際情況的確如此。因為處於中間的 70% 大多是公司各部門的管理人員；也許他們不是最應該獲得提升的，卻是最不可或缺的。

「最重要的是大家都知道我們不是隨意處置。也許我們並不是很瞭解公司名錄上的每一個人，但組織生命圖會使我們認真靜下心來研究自己的組織，找出趨勢圖。如果一個趨勢圖看上去十分可笑，或者中間 50% 的提高快於頂級的 10%，就需要找出原因。於是我們會繼續採取不同的措施，進行調查、精簡。必須隨時留意圖中自最優到最劣表現者的極端變化。」

獎勵一定要公正無私，只能以績效為惟一的標準。組織生命圖正是反映員工績效最簡明的好方法。為了確保真正獎勵了最優秀的員工，威爾許無論工作多麼繁忙，都會抽出時間，親自審閱重要的獎勵名單。對此，科納蒂這樣評價：「威爾許雖然不想事無巨細都要過問，但他力圖確保在每一天的經營中，最有效率的人得到最好的待遇。同時，我們必須留意察看那些最低效的人，給予一定的處罰。」

獎勵應該看得見、摸得著。威爾許如是說：「獎勵一位表現出色的員工是管理過程中一個很重要的部分。獎賞對員工而言，不應是可望而不可及的，就像鼻子碰著玻璃而穿不過去那樣。我希望他們總能得到他們所應得的。精神鼓勵和物質獎勵都很必要，兩者缺一不可。我遇到過只給員工發獎章的老闆，他認為多給錢是愚蠢的。我認為他的做法大錯特錯。金錢和精神鼓勵應該雙管齊下。」

威爾許的獎懲原則早已深入通用電氣所有員工的心靈深處，即使是通用最高層和最優秀的明星也很能體會。NBC的總裁安迪·萊克就說：「傑克和我已經是8年的老朋友了，我們的妻子幾乎天天見面。但如果我開始走下坡路，做了令人難以置信的愚蠢決定，我知道他一定會炒我魷魚。他會擁抱我，說他很難過，『而且你可能再也不想與我共進晚餐了。』但是，他對解雇我決不會有半點猶豫。」

如果你想得到卓越的人才，那麼，最起碼的環境應該反應出卓越。

威爾許有這樣一個恒久不變的觀點：一流的公司必須擁有一流的人才！早在他執掌通用電氣的「帥印」之前，這一思想就已形成。所以，儘管在擔任CEO之初大刀闊斧地整頓、裁員那段極為艱難的時期，他仍然想改變一下人們的思維習慣。大多數公司老闆總想往回賺錢，越多越好，可就是不捨得往外掏錢。也就是既想讓馬兒跑得快，又不想給馬兒多吃草。威爾許堅持，通用電氣必須只雇用最優秀的人才，並為他們提供最好的工作、生活條件。當時的情況卻是，位於克羅頓維爾的培訓中心早已破爛不堪。為了給最優秀的人才創造最好的條件，威爾許對股東們反覆呼籲，最優秀的人才不應該在一所破舊的發展中心裏待上 4 個星期，不應該在煤渣磚砌成的房子裏接受培訓。另外，到公司總部拜訪的客人，通用電氣也不能讓他們去住三流的汽車旅館。

在為通用電氣動大手術的 5 年當中，儘管大約有四分之一的員工離開，有無數企業被出售或裁撤，威爾許還是決定投資 7500 萬美元去做那些被認為是「無生產價值」的事。他決定在公司總部新建豪華的健身中心、賓館和會議中心，並計劃把克羅頓維爾的培訓中心升格。

他的這一「反常」舉動，目的是為通用電氣營造一種「軟」環境——卓越。然而，他的做法引起了極大的非議，無論他怎樣解釋都不能令人滿意。公司裏到處流傳著各種各樣的貶損及神經過敏的風言風語：「你關閉工廠，辭退員工，與此同時，卻在腳踏車、臥房和會議中心上大把花錢，這是為什麼？」

依照威爾許的設想，預計投資在腳踏車、會議室和高檔臥房上的 7500 萬美元，與同期公司花在購建工廠設備上的 120 億美元相比，簡直就像是從口袋裏掏出來的一點點零花兒錢。但通用電氣那些思想保守的人不這樣想。那 120 億是投向全世界的各家工廠，他們看不見，而且那本來就是習以為常的事。這 7500 萬美元卻是在眼皮兒底下，天天看得見的。其象徵意義實在太大了，大得讓他們根本無法接受。

威爾許完全理解他們的這種情緒化，他絕不退縮和躲避，他將利用每一個機會消除他們的不滿情緒。

1982 年年初，威爾許開始兩周舉行一次的圓桌會議，與大約 25 名高層管理人員邊喝咖啡邊聊天。不管每次會議的主題是什麼，這段時間，談論的話題都會集中到那 7500 萬美元上。威爾許喜歡爭論，但他覺得沒必要一定要在爭論中贏得勝利，因為他需要贏得人心，一個一個贏得大家的支持。此時他在通用電氣，還遠沒有今天那種說一不二的威望。因此，他不得不反覆跟他們解釋：「花這些錢與業務緊縮兩者是一致的。為了實現公司的目標，我們必須這麼做。

「健身房既能為大家提供一個聚會的場所，又能增進大家的健康。公司總部聚集了很多專家，這些人並不製造或銷售什麼具體的東西。在這裏工作與在車間廠房裏工作很不一樣。在具體的業務單位，你可以專心致志地裝卸訂單中所要求的貨物，也可以為推出一項新產品而興高采烈。但在總部，你得把車停在地下停車場，乘電梯到達你所在的樓層，然後在房間的一個小角落坐下，開始工作，直到一天結束。自助餐廳是公共聚會的地方，然而大多數餐桌旁坐的都是整天在一起工作的人。

「我想，健身房可以給大家提供一個更輕鬆隨意的聚會場所，可以把不同部門、不同管理層的人，不管高矮胖瘦，都聚在一起。如果你願意，它也可以成為一家商店和休息場。投資 100 萬美元，就能讓這些設想成為現實，我認為十分值得。」

儘管威爾許修健身房的用心極好，但面對大量員工被裁減的情況，還是很難得到大家的理解。

投資 2500 萬美元新建賓館和會議中心也是基於同樣的考慮：公司總部是個孤島，它位於紐約以北約 100 公里處，周圍全是鄉村，還不在邁瑞特公園的大道上。大家在工作之餘，都沒有個像樣的地方聚一聚。如果世界各地的員工和公司的客人來到總部，費爾菲爾德和周圍地區也沒有一家高檔的賓館供他們下榻。這樣低標準的設施和條件，與通用電氣業內老大的地位絕對不相稱。像通用電氣這樣堂堂的世界一流大公司，總應該擁有帶壁爐的休息廳和格調幽雅的酒吧間。因此，威爾許才想新建一個一流的環境，供人們生活、工作與交流。

他之所以如此堅持，就是想在公司裏創造一種一流家庭般的閒適氛圍，俾能與通用電氣的國際地位相稱。他每到一個地方，都反覆講述，每一件事都應該充分體現通用電氣的卓越性。

克羅頓維爾的情況也相同。20 多年前修建的培訓中心實在太陳舊了，不僅外觀很難看，單間客房也太少，前來參加培訓的經理只能 4 個人住一個房間，給人的感覺簡直連路邊的汽車旅館都不如。威爾許對股東們說：「我們總應該讓那些來到克羅頓維爾的員工和公司的客人都能感覺到，他們為之工作和與之打交道的是一家達到世界水平的大公司。」儘管他出於如此考慮，還是有人大加批判，將這裏稱為「傑克的大教堂」。

千萬不要試圖靠著自己單獨完成某件事！

威爾許很清楚通用電氣公司需要什麼類型的管理人員。他詳細描述了管理人員應該具備的品質特徵，揭示出在通用電氣得以生存的惟一辦法就是：讓自己成為團隊中的一員，並使自己適應公司的價值取向和企業文化的要求。

就他的看法而言，中層管理者必須成為團隊的成員和教練。他們必須提供更多的幫助而不是控制，他們應該有能力去激發和稱讚他的部下並懂得何時去讚揚與祝賀。他提出一個假想的事例：有家多功能企業，管轄工程部、市場部和生產部三個業務部門。該企業擁有有史以來最優秀的生產部主管——他使生產部擁有最佳人員，生產出最高質量的產品。

「但是，此人從不與工程部和市場部的人員交談。他不願與別人分享自己的構想，也不願與他人無拘無束地交流。過去我們通常會給予豐厚的獎金，酬謝這一類型的人給企業帶來的好業績，但現在我們準備換掉他，取而代之的是並不如他傑出卻是一個優秀的團隊成員，可以提升整個團隊的業績。也許前任主管投入了 100% 甚至 120% 的精力，但是，由於他不與隊友交流，不與他們交流思想，結果整個團隊的運營效率只達到 65%。相反，新主管將團隊的效率提升到 90 至 100%。這是個創舉。」

威爾許明確指出，對那些不能或不願融入團隊中的管理人員，有必要逐步治療其心理上的病症。他承認，想要改變通用管理人員的頑固思想和行為絕非易事。他在公司年報中特意提到，去管理、控制、指揮他人的欲望是異常強烈的，並且按照通用電氣公司一個世紀以來的傳統認識，衡量個人價值的通常標準是：他是否為管理者以及他手下管轄員工的數目。

在威爾許的領導藝術詞典裏，優秀的領導者應該是這樣的：他們很少去監督別人工作，也很少獨斷地做出關鍵決策；他們給予下屬充分的空間，鼓勵下屬獨立完成實事求是的、有效的業務計畫，並賦予他們充分的決策權，讓下屬自主決定何時、何地及如何安排預算，以投資工廠或設備。

一個好的領導者，能夠清晰地表達公司的理念和目標，然後鼓勵和支持下屬去具體執行。這個理念之一就是發揮員工的最大潛能，並鼓勵員工勇於承擔風險。一個好的領導者，不僅自己敢於承擔風險，也會賦予員工充分的自由，去做出自己的決策。

在威爾許的職業生涯中，曾經多次探討傑出領導者所應具備的本質特徵，並詳細闡述了什麼樣的領導者會在通用電氣獲得職業上的成功，而什麼樣的領導者則會被公司淘汰。在他的描述中，有四種典型的通用電氣領導者：

(1) 第一種類型的領導者不僅能夠按時完成公司交辦的任務，完成指定的目標——財務目標或其它各項指標，而且認同和分享公司的價值觀。「我們不難看出，這種類型的領導者必然擁有美好的前途。」

(2) 第二種類型的領導者則完全相反，他們既不能夠完成任務或目標，也不認同或分享公司的價值觀。「這類領導者的處境實在不妙！我們很容易判斷出其不太樂觀的未來。」

(3) 第三種類型的領導者雖然不能完成任務或目標，卻能認同或分享公司的價值觀。「這樣的領導者通常能獲得公司給予的第二次機會；但他們最好是換個工作環境。」

(4) 第四種類型的領導者完全能夠完成任務或目標，卻不認同或分享公司的價值觀。這一類型的領導者最難處理，因為他們往往強迫下屬有所表現，而不是激勵下屬取得業績。獨裁者、暴君、大人物等往往便成為形容這類領導者的代名詞。

我們通常採取容忍的態度對待第四種類型的領導者——至少在短期之內。因為「不管怎樣，他們總能完成任務。」或許，在從前的太平時期，這類領導者更容易被人所接受。但是，在一個需要組織的所有人——所有男人和女人都供獻思想和創造力的環境下，我們已經不能採取高壓和強權的管理風格了。

不論我們的決定是說服並幫助這類領導者改變其經營管理風格（我們必須意識到這樣做的困難處），還是如果他們不能夠改變，就解雇他們，總之，如何處理第四種類型的領導者，都將會是一個令人頭痛的棘手難題。

如果通用電氣的某位領導者不能認同公司的價值觀，那麼他的命運將會如何？威爾許的回答非常明確：「就算這位領導人員具有良好的業績，他也將面臨被解雇的危險。這對整個通用電氣來說，無疑是個極大的震撼，因為業績已經不再是飯碗的全部保障。價值觀和業績兩者相結合，才能夠保住手中的飯碗。這真是個翻天覆地的變革！」

90 年代末期，威爾許已很少再提到這四種類型的領導者。更多的時候，他會探討在通用電氣表現出色的領導者是什麼樣的，或者是什麼樣的領導者才能夠獲得通用電氣的好評。他從不對領導人員下定義。但是，讓我們仔細看看他的領導藝術詞典中幾種類型的領導人員，他們的命運是何等「清晰」呀：A 類命運，繼續留在公司並得到提升；B 類命運，受到培訓，並改善自己；C 類命運則是遭到公司解雇。

1997 年 1 月，由公司最高層的 500 名領導人員參加的管理運作會議在佛羅里達州博卡拉頓市舉行。威爾許在講話中鼓勵通用電氣的高層領導力爭確保自己屬於 A 類型的管理人才，認同和分享公司的價值觀。同時，他敦促這些高層管理人員祛除那些 C 類型人員。他們不值得留在通用電氣，因為他們不能接受公司最基本的價值觀。而對於 B 類型人員，威爾許希望他們能夠努力提高生產力，與公司一起，不斷成長。

「你們當中的許多人都在竭力改造那些屬於 C 類型的管理人員，力圖把他們改造成 B 類型。這無疑很耗費精力。事實上，C 類型的領導者會更適合 B 類型或 C 類型的公司，在那裏，他們將更適應、更自在……通用電氣則不同，它是一家純粹的 A 類型，甚至是 A＋ 類型的公司，我們所需要的只是那些同屬於 A 類型的領導人員。我相信，通用電氣完全能夠找到適合通用電氣的 A 類型管理人員。你們應該為自己沒有發揮出自己最佳的潛能而感到害臊。你們應該積極地追求卓越，同時善待那些符合公司價值觀的下屬，獎勵他們，給他們升遷的機會，給予他們豐厚的報酬和大量的公司股票期權，而不是白白花費精力敦促 C 類型的管理人員轉變成 B 類型。對於 C 類型的領導者，最好的辦法就是盡早請他們離開公司；而這也將是他們對公司最大的貢獻。」

緊接著，到了 1997 年 9 月，威爾許在克羅頓維爾發表講話，再次指出 A、B、C 三類領導人員的基本特徵。他告誡他的高層管理隊伍：「最關鍵的便是如何更多地挖掘出那些具有 A 類型管理潛質的管理人員，並進一步栽培他們，使他們成長為通用電氣的有用之才。對於 C 類型的管理人員，最好的辦法便是盡早解雇——必須這樣做。」

當時，有一位在座的領導人員針對他的講話，很禮貌地提出異議。她說，她本人最近不得不做出讓一位下屬離開公司的決定，但她並沒有為此感到痛快。相反，她覺得內心非常沮喪。威爾許毫不猶豫地消除了她的疑慮，對她說：「不要感到任何內疚，也不必感到難過。」這聽起來似乎冷酷無情，但在威爾許的字典裏，這正是最妥當的處理方法。

其實，身為通用電氣的 CEO，威爾許一天也沒有停止過這樣的思考：究竟怎樣才是偉大的企業領導者？經過多年對經營環境的觀察，他發現，90 年代末期，經營環境已經演變成高度競爭、快速變革的新形式。他深切地意識到，在新的市場競爭環境下，一個成功的企業領導者所必須具備的能力已經遠遠超越了傳統的領導職能：指揮和命令。他說：

「1997 年年末，我注意到這樣幾件事：與十年前相比，市場的競爭程度已經演變得異常激烈，市場全球化的趨勢越來越明顯；而一家企業面對現實的覺醒和決心已經成為它能否生存和發展的至關重要之因素。10 年前——當然，15 年前也同樣——企業的組織結構是如此重要。現在，事情已經完全不一樣了。人們不再關注組織結構，而激烈的全球商場大戰也不容許人們過多地把精力投向組織結構本身。組織結構從本質上講，會滋生官僚主義。它意味著人的注意力根本不是公司的利益，而是其它……你們瞧，我的事業明年 1 月才正式開始，而我在此之前所做的，已經不再具有任何價值和意義了。不再有意義了，所有的一切都將從頭開始。」

他認為，當前的市場環境，與過去相比，競爭要激烈和殘酷得多，人們所要面對的挑戰也遠遠多於過去。這些，都對公司的首席執行長提出新的要求：他們必須精力過人，鬥志高昂；決不可怯於接受挑戰，怯於承擔風險。

威爾許常常說，20 年前，某人一旦戴上公司董事會主席或首席執行長的頭銜，便意味著達到個人事業的巔峰。而在今天，如果某位首席執行長期望保住自己的飯碗和頭銜，他或她所必須明白的就是，這只是事業的開始罷了。他說：「當今公司的首席執行長必須知道，這個頭銜只是事業的開始，一場更為激烈、前所未遇的大戰已隨著他們的上任而拉開帷幕。那種只需要按時到辦公室，坐下，開始辦公，井井有條地處理事務的日子已經一去不復返了，沒有人還能夠輕輕鬆鬆地下班回家，或是再有閒暇考慮什麼辦公室政治之類的事。這所有的一切已統統成為過去。新時代的首席執行長，每時每刻都必須保持旺盛的精力，並以此激勵他人……一句話，你必須把自己塑造成極端的狂熱分子或偏執狂。」

給與那些年輕、缺乏經驗的各級公司領導者忠告和建議，威爾許似乎樂在其中。他希望自己能夠幫助他們成為日後傑出的領導者。他曾發自內心地告誡這些年輕的領導者：

「我能夠給你們的最大忠告，就是千萬不要企圖自己單獨完成某件事。你必須精於與你統領的團隊裏的每一位聰明的傢伙打交道，與他們建立良好的合作關係，並充分激勵他們。如果你真正做到了這一點，那麼恭喜你，你已經把整個世界都拋到屁股後面……當然啦，我們不可能像在籃球場或冰球場上那樣，一眼就能夠看出哪個傢伙是有價值的明星。道理很簡單，如果一個傢伙根本不會溜冰，那你也根本不可能把他放在左翼的鋒線上；如果那傢伙不會射門，他就不會被安排在前衛上，甚至根本不會上場。這同組建一支經營隊伍並無不同。自始至終都選用最合適的人選，並把他們放在合適的位置上，對公司的發展至關重要。如果你不能做到這一點，那麼你自己也同樣不能出類拔萃。」

給管理人員「洗腦」，對他們進行「CLONE」

「世界上最難的一件事，恐怕就是如何對付那些按時完成你交付的任務，卻對你的價值觀完全不以為然的傢伙了。但是，如果你容忍這樣的傢伙，不採取任何應對措施，你將失去主導企業價值觀的地位。最後，這種消極容忍的做法也不過是減緩兩種價值觀最終衝突的充氣囊罷了。」

一天，威爾許安排了一次與某個部門經理的會面。該部門的確盈利，卻沒有創下任何新紀錄。威爾許有一種強烈的直覺，覺得它應該做得更好。他希望此次會面能使局面有所改觀。

他告訴負責該部門的經理：「你的部門已經營得相當不錯，但我總覺得它還可以做得更好。」

這位經理似乎對他的話一點也不明白，爭辯道:「是嗎？你可以幫我找到答案嗎？看看我們的盈餘，看看我們的投資收益率！我已經做到每個經理都想做到的事啦！你究竟還要我再做什麼？」

「我不知道答案！」威爾許十分坦誠地說：「我只是覺得你的部門可以做得更好。」他希望這個經理提出一些遠景構想，在工作中釋放出熱情並重新激發屬下員工的活力。最後，他給仍然困惑不解的經理提出一個建議：

「我想要你做的是休假一個月，出去走走，完全不要想這裏的事。回來之後，你就想著自己是剛被任命為這個事業部的經理，而不是已經經營了 4 年。你要以一個新經理的眼光，重新審視整個部門的工作，並嘗試用不同的方式，從不同的角度去考慮每一件事。」

這位經理仍然未能理解威爾許的意思，未能理解威爾許是要他重新修訂他的工作日程表，重新審視他的業務發展計畫，從一個嶄新的視角看待事情。威爾許認為這些要求對他並不過分。但他就是摸不著頭緒。他不明白威爾許強調的重點是他應該對工作更有激情，他應該想法激發他的部屬。

一個月後，他沒有做任何改革。六個月後，這位經理不再為通用電氣做事。

這件事使威爾許感慨良深。他意識到，想確保通用電氣能夠真正按照自己的思維高速運轉，必須在通用電氣的各級管理部門「CLONE（複製）」出無數個真正能理解自己的經營思想、與自己的構想一致的傑克．威爾許。他想到了坐落在紐約州奧思寧的克羅頓維爾管理開發中心。

克羅頓維爾管理開發中心曾經是通用電氣早期經營變革的策源地，由前任 CEO 拉夫爾．科迪納在 50 年代中後期建立，把他的分權思想灌輸到所有等級中去。

當時，數以千計的通用電氣管理人員被集中到這裏，管理中心的教師們在「藍寶書」的基礎上教授了大量很具有實用價值的培訓課程。「藍寶書」將近 3500 頁，裏面寫的都是經理們應該或不應該做什麼。成百上千的總經理就是在這些信條的熏陶下成長起來。在那些日子，從「藍寶書」裏總結出來的 POIM（計劃——組織——協調——衡量）原則就如同《聖經》裏的十誡一樣，深入所有管理人員的心靈。

然而，科迪納的分權過程完成後，克羅頓維爾作為開發和培訓領導能力之基地的作用就減小了，更多的時候是作為技術培訓和危機時發布資訊的講壇而存在。在 20 世紀 70 年代石油危機爆發時，雷格就把數百名經理送進這裏的研討班，學習通貨膨脹條件下的企業經營管理技能。

20 世紀 80 年代，克羅頓維爾的設施已經相當過時，就像一個等待被裁撤退休的對象，而不像通用電氣的精華薈萃之地。

1980 年，吉姆・鮑曼教授被任命為克羅頓維爾管理中心的總負責人。這是一個留著山羊鬍的學者，原來在哈佛商學院任教，曾經為通用電氣做過幾年的顧問。

威爾許想讓這塊地方重新煥發生機，並發揮這位前哈佛教授的潛能，把克羅頓維爾改造成一個在互動式的開放環境中傳播新經營思想的地方。改造後的管理中心可以成為打破等級制度的理想場所。他需要與公司中的下層經理進行直接交流，藉以讓他的經營思想和相關信息不致因老闆們的層層阻隔而失真。

威爾許告訴鮑曼教授，他應該為自己人生中的飛躍做好準備：「我們準備在這家公司進行全面改革，我需要克羅頓維爾成為改革的重要組成部分。如果沒有克羅頓維爾，我們就沒有一個新思想的傳播者。我希望把我進行改革的道理傳達給盡可能多的人。克羅頓維爾正是這樣一個地方。」

但是，要克羅頓維爾做到這一點，它就必須首先進行改革。「我想改革每一件事：學生、職員、內容，還有設施和外觀。我希望它能集中於領導人才的開發，而不僅僅是職業培訓場合。我希望它能成為一個可以觸摸到公司最優秀人員的頭腦和心靈的地方——在改革過程中聚合公司力量的精神紐帶。

「我不希望那些發展潛力不大的人來到這個地方。我要讓最好的人才聚集到這裏，而不是讓那些已經疲憊不堪的人到這裏討取最後一次獎賞。」

威爾許對公司其它部門的花費十分節省，對克羅頓維爾卻出手大方。在這裏，他不顧許多人的反對，投下 4500 萬美元。他要讓通用電氣更有生命力、更精幹。要達到這個目標，最好的方法之一就是確定公司內部的管理訓練課程，而這些課程可以用來傳達他的經營理念。

根據他的要求，克羅頓維爾管理中心每年有三期最高級的管理課程。從 1984 年開始，每一次高級班開課，他都親自前來與學員見面。他要求鮑曼教授把所有前來培訓的學員都重新改造一番。他們要進行案例學習。雖然案例主要來自其它公司，但討論時都要從通用電氣的實際情況出發。吉姆．鮑曼聘用了一位密西根大學的管理學教授，名叫諾埃爾．蒂奇。蒂奇很有創造性，幫助吉姆重新設計了課程內容。他後來在 1985 至 1987 年接替鮑曼擔任克羅頓維爾的總負責人，為這裏的工作傾注了巨大的熱情，並發明了「行動學習」教學法。

克羅頓維爾開設的課程很多，僅課程目錄就厚達 154 頁，可以想像它提供的是怎樣多樣化的課程。它就像一所大規模的商學院，提供「新進入的管理人」、「有經驗的管理人」、「高級財務管理人」、「高級資訊管理人」、「高級營銷管理人」等培訓。可以說，從新員工輔導課程到特定的技能培訓項目，全都含蓋在內。按照威爾許的想法，這個中心旨在培養領導能力的課程有三項：為最具潛力的高級經理開設的高級管理開發課（EDC）；為中層經理開設的企業管理課程（BMC）；以及為初級管理人員開設的管理開發課程（MDC）。

第一級是為期三周的 MDC 課程，每年推出 6 ～ 8 期，全部在克羅頓維爾的大教室裏授課。每年參加這一課程的經理有 400 到 500 人。

在更高級的 BMC 和 EDC 課程中，蒂奇的「行動學習」概念是貫穿始終的核心教學方式。這種方式要求學員面對真實的企業管理問題，進行探討和學習。課程集中於一個關鍵國家、一家主要的通用電氣企業，或是公司在執行某些計畫或政策方面的進展情況，如質量管理或全球化等。

管理中心每年推出三期 BMC 課程，每班大約 60 人。EDC 課程則每年只有一期，安排大約 35 ～ 50 位最具潛力的高級管理人員參加。這兩類課程每期都是三周，課程的進度須精心安排，以使得每一個班都能及時參加每季度一次的公司高級管理委員會（CEC）。學員們在這個會議上要用兩個小時的時間彙報學習成果並提出自己的建議。通用電氣的 35 位高級領導——分布在各地主要公司的 CEO 及總部的高層管理人員——都要出席。

這些學習班對行動極為重視，它們把學員轉變成高層領導的內部顧問。在世界上每一個發達國家和發展中國家，學員們都認真考察通用電氣的發展機遇及其它公司的成功經驗。他們仔細評估通用各項計畫的實施進度和效果究竟如何。每一次課程之後，學員們都有一些意見被採納，並被落實到通用的下一步行動中去。這些學員都是威爾許最為關注的最優秀的 A 類人才，他們不僅給公司提供了極好的諮詢成果，也在各個企業之間建立起可以持續終生的友誼。

管理中心的課程成了通用電氣每一個員工取得成就的重要標誌。因為，若要參加 BMC 課程，必須經過各公司領導的批准。至於參加 EDC 課程，則需經過人力資源總裁比蒂、一位副董事長和威爾許的親自批准。

1995 年，威爾許在《財富》雜誌上讀到一篇文章，講述的是百事可樂的羅科·恩里科與他的團隊如何向公司的管理人員教授領導技能。威爾許一向喜歡百事可樂的這種做法，並因此決定通用電氣領導團隊的每一位成員都要給管理中心的學員教一堂課。在此之前，通用電氣總部高層領導和各下屬公司高級管理人員雖然也零零星星地講點課，但沒有形成制度。百事可樂的模式使得課堂上的學員能夠更直接地觀察和學習公司裏做得最好最成功的榜樣人物，也使得公司領導能夠更廣泛地瞭解公司。現在，克羅頓維爾管理中心的授課教師中有 85% 以上是公司的各級領導。

身為通用電氣的 CEO，威爾許很喜歡給學員們上課。他幾乎每個月都要去克羅頓維爾一兩次，每次都要待上 4 個小時。據他自己回憶說，在過去 21 年的課程裏，他與將近 18000 名通用電氣各部門的經理進行了直接溝通。

上課時，威爾許從不喜歡發表演講，他喜歡公開而廣泛的交流。他把自己的想法帶到課堂上，通過相互間的交流，使這些想法更加豐富，並通過學員們日後的工作，體現在通用電氣的方方面面。

在與學員們交談之前，有時候，他會提前交給他們一份手寫的便箋，上面寫著他準備討論的一些問題。對那些 MDC 的初級學員，他通常是問一些集體性的問題：

「我要講一講 A、B、C 三類員工。我想請問一下你們如何看待這三類員工的特徵之間有何區別……希望你們討論一下。」

「你在工作中遇到的最大困難和挫折是什麼……你希望我能給你提供哪些幫助？」

「你不喜歡通用電氣的哪些方面？你希望看到哪些方面發生變化？你覺得應該發生什麼變化？」

「你在參與提高質量的行動計畫嗎？你怎樣在你的公司、你的部門、你的工作職責內加速這一計畫的落實？」

在高級 EDC 課程上，他會提出另外一些不同的問題。他會問他們，如果他們被任命為通用電氣的 CEO，他們將做些什麼：

「在最開始的 30 天裏，你會做些什麼？你目前有沒有關於自己上任後要做些什麼的『遠見』？你如何形成這些遠見？講一講你對遠見的最主要觀點。你如何『兜售』你的這些遠見？你準備建立起什麼樣的基礎？哪些現行做法將會被你廢棄？」

通常情況下，他都會要求每個人講述一下他們在過去 12 個月裏所遇到的領導方面的兩難問題，比如關閉工廠、工作轉型、棘手的解雇糾紛、出售或購買一家企業。在交流過程中，他經常把他自己的經歷帶到課堂上，引發大家的討論。與學員們的這些討論是他在克羅頓維爾度過的最美好的時光。通過相互之間的討論，他培育出無數個與自己思想一致的「威爾許」。教室裏的每一個人在離開時都知道：今後在面對任何一項艱難的選擇時，他們都不孤獨。

到了 1986 年，克羅頓維爾的基礎設施建設和翻修順利完成。與新教學樓相配套，管理中心也有了一個全新的生活居住區。最重要的是，教室裏的人發生了真正的變化：臉龐年輕了，表情豐富了，提問的問題——不論是對威爾許還是對他們——都更加高明和富有挑戰性了。

建成後的克羅頓維爾成了通用電氣的一個活力中心，為威爾許創新經營思想的交流提供了源源不斷的動力。

克羅頓維爾的培訓頗有點軍事化的味道。在這裏，吃、住按旅館方式管理，包給外部著名的飯店管理公司。運動休閒設施十分完備，有棒球、籃球、網球、高爾夫球、迴力球等。每個房間都裝有閉路電視，而走廊的終端機可以看到全球的金融資訊。自然，培訓的費用也相當高，每個學員平均每小時花費 69 美元，由學員所在的具體部門承擔。學員到這裏後，惟一要操心的就是學習。他們早晨6點是運動時間，7 點吃早餐。接下來便是 8 點到下午 5 點的正課。晚間不排課，是自修時間。

學員們都很樂意上這種課。通用電氣公司航太業務部門負責雷達計畫的經理艾爾斯曾是這個中心學習小組的成員。她說：「通過學習，使你對公司發生的一切感到極大的鼓舞和振奮。現在公司向外（市場）看而不是向內看，用競爭意識思考問題的欲望大大加強了。」

——這正是威爾許期望看到的結果。

管理發展中心主任鮑曼自豪地說：「克羅頓維爾不是局限於一個角落的訓練中心，而是一套程式。經理在此受到教育之後，便回到各地的工作崗位，把在這裏所學到的東西付諸實踐。同時，克羅頓維爾也是一個集思廣益的地方，通過演講、討論、思考、辯論等各種方式，每個參與的學員都可以對公司不同層面的問題得到更透徹的瞭解。」

平均每天在克羅頓維爾受訓的學員有 150 人，這些人來自通用電氣分布於全球各地的職員。平均每天都有三種不同的課程同時開始。在克羅頓維爾，你無法看出哪一位是副總裁，哪一位是中級主管。大家一起上課、討論、起居作息，和住校的學生完全一樣。這裏的課程設計有一個重要目的，那就是：使來自不同的地方，原本可能素不相識的通用人，通過一起研討，融合成一個分工合作的團體，每個人都有機會在訓練課程中經由小組討論、簡報等方式，訓練自己的領導及組織能力。

今天的企業強調的已經不是個人的耀眼表現，而是團隊合作，一種通過他人的成功實現自己的成功的能力。今日的通用電氣組織上的一大特色就是：許多高效團隊發揮了它們的功能。

然而，不要以為克羅頓維爾只不過是另一個管理學院罷了。它是威爾許創新經營哲學滲入通用人大腦的地方，更是包括他在內的高級主管瞭解公司內部運轉情況的地方。前花旗集團董事長，也是通用電氣董事之一的沃特．瑞斯頓曾經告訴威爾許：「傑克，記住一件事：在你知道公司該做哪些重要的事情之前，公司內的其他人早就知道了。」

與一般商學院不同的是，克羅頓維爾管理發展中心既是威爾許傳播其管理哲學的地方，也是他和各企業集團領導者討論公司內的策略的地方，自然也是他們向他報告各事業業務狀況並進行討論的地方。

克羅頓維爾有一個像古羅馬競技場般的演講廳，講臺在最下方，聽眾的座位則呈階梯狀上升。這使得演講者必須仰首才能看到聽眾。這種設計使演講者及聽眾更能融合在一起，討論起來也特別熱烈。威爾許就經常到這裏，與高級管理學員交換意見，宣傳公司的經營戰略和改革思想。

克羅頓維爾在通用公司走向全球化過程，以及引進、消化各地所獲得的管理及技術資訊上，扮演著極其重要的角色。有時它是一個論壇，有時是個情報通信站，有時又是一個辯論的機構，或是一個布道壇。這讓所有高級主管，不僅是威爾許，在任何時候都能夠及時追蹤到公司的動向。

威爾許最想完成的一件事就是創造並培養一支精良的隊

伍。這正是所謂領導者要做的事。它不是某個人坐在一匹馬上發號施令，而是一種開創遠大目標並培養一支有相同之遠大目標的精良隊伍的能力。威爾許認為，這支精良的隊伍便是組成通用電氣的關鍵因素。

不言而喻，領導能力的培養是非常艱難的一件事。但不論多麼艱難，管理發展中心確實為通用電氣培養了大量優秀的管理人才，以至於被視為「全美最好的管理學院之一」。通用電氣公司的職員都以能被送到這裏培訓為榮，因為這樣一來，極可能從此「官運亨通」。即使在通用電氣內部攀不上高枝，也有可能到其它公司高就。

在美國，通用電氣一向被視為高級管理人才的「訓練場所」，其它公司經常在通用電氣內部發掘他們所需要的領導人才。為此，有人曾誇張地形容說：「一進入通用電氣，就可以成為總裁。」

事實上，經過克羅頓維爾培訓而成為高級管理者的人數的確不少。前通用電氣職員，日後成為其它大公司首腦的也不在少數；任中等規模公司總裁的人更是不勝枚舉。為此，他們每隔一年都要舉行一次同學會。

在一次集會上，有一位出身通用電氣的人這樣說：「世上有三種偉大的經歷，那就是羅馬天主教堂、黑手黨，以及通用電氣公司。」

第五章

創新經營目標：超越自我，追求卓越

傑克．威爾許語錄：

我們證明了我們可以快速成長而且行動敏捷，但可能缺少出色的質量。我們推出的每一代新產品和服務水平都在提高，但還不足以使我們的質量趕上那些卓越的跨國公司的水準。它們以自身具備的頂級質量在激烈的競爭環境中求得生存。我們想要的遠比這還多。我們不僅僅希望我們能夠通過優於競爭對手以主導市場的競爭格局，還希望通過產品的新的質量水平以領導市場競爭。我們希望自己的產品品質對客戶來說，意味著突出且不可替代的價值，意味著成功的必要條件，從而成為客戶惟一且擁有百分之百之價值意義的選擇。把質量視為公司的頭等大事，你會發現，客戶的滿意度也將隨著你對質量的重視而不斷提高。

傑克．威爾許強調，企業領導人員必須盡可能挖掘員工的潛能。所以，在通用電氣取得驕人的業績之後，他考慮的主要問題就是如何最大限度地挖掘出員工的潛能，使公司更上一層樓。

雖然大部分管理人員都覺得，只要完成業績目標及預算目標便可以算作一個好的管理人員。但在威爾許的心目中，優秀的管理人員決不應該僅僅止於此一最基本的要求。

他認為，優秀的管理人員必須時刻追求卓越的業績目標；或者說，至少敢於嘗試這樣的追求。他將這一想法歸納為新的經營戰略——「追求卓越」的目標。

創新經營實戰之一：
質量至上！

在競爭中保持領導地位，取決於多種因素。其中，最重要的因素之一就是一個使整個組織參與進去，生產一流產品和服務的質量過程。

在競爭日趨激烈的市場環境下，質量已經成為衡量一家企業的基本尺度。但是，問題的關鍵不是一定要達到某個預先設定的質量水平，而是要以快於競爭對手的速度提高質量水平。如果一家企業能夠在市場上一如既往地向客戶提供質量越來越高的產品或服務，那麼，它肯定會成功。而那些忘記了這個基本經營理念的企業，通常將會被無情的市場淘汰出局。

威爾許認為，通用電氣如果想成長為全球最具競爭力的公司，就必須在「質量」這兩個字上尋求突破，成為靠質量取勝的贏家。因此，20 世紀 90 年代末期，在他領導下的通用電氣，如果可以用一個詞形容其本質特徵，那就是：質量至上。

毫無疑問，六標準差（6-Sigma）行動是威爾許曾經發動的企業創新經營行動中最重要的一項。從 1996 年開始，六標準差行動就對通用產生了巨大的影響，而且這種影響還將持續下去。

要做，就別等待！

在過去，通用電氣似乎從未忽視過任何質量問題。相反，質量問題在通用一直備受重視。通用的產品一直享有高品質的美譽，是優質耐用的代名詞。難道不是這樣嗎？

然而，20 世紀 90 年代中期，一直致力於提高生產效率的員工開始抱怨說，如果不改進通用產品生產工序的質量，就不可能獲得更高的生產效率。他們發現，一件產品出廠之前，在修理和返工上面要花費大量的時間和精力。這既降低了通用電氣的速度，更降低了生產效率。

通用電氣公司副總裁保羅．弗里斯科曾注意到，為了處理那些返修或維修的問題，公司內部實際上已滋生一個內部的「隱性工廠」，這個工廠佔用資源，卻沒有對生產力帶來實質性的貢獻。他認為，通用電氣可以提供反覆檢測和修理工作，直至產品可以提供給客戶。但由於浪費的情況和返修費用的發生，雖然避免了質量缺陷，經營成本卻大大提高了。人們通常認定高質量勢必造成高成本。事實上，提高生產工序質量，可以降低費用；用正確的方法在第一次工作流程中就生產出高質量水準的產品，可以節約許多無用之功。

威爾許最初只以為，為了提高質量，最好或者說惟一的辦法就是依靠速度、簡單化和自信的理念。後來，他逐漸發現，單單依靠這些理念並不靈，還需要一些其它東西。

20 世紀 80 年代末至 90 年代初，威爾許倡導的「合力促進」計畫是通用電氣關鍵性經營戰略的重點。「合力促進」計畫幾乎涵蓋了他所有的重要目標：開放化、資訊化、無邊界和壁壘、員工高度參與、自信心、生產力及學習型企業文化等等。他甚至認為，「合力促進」計畫必將使通用電氣的產品品質保持在一個很高的水平上。這樣，此項計畫就被想當然地視為可以使通用電氣公司保持相當高的質量。

在克羅頓維爾會議上，通用電氣的經理們學到了怎樣進行規模上的改變，並且認為，它可以促發質量的提高。而且，通用電氣持續增長的經營業績，客觀上也減弱了要求威爾許推行全公司質量計畫的推動力。

另外，通用電氣一直不斷提高整體的產品質量水平的事實，也使得人們對於發動一場大規模、全公司範圍內的質量運動的想法變得模糊不清。

雖然如此，威爾許從來沒有放棄對質量的改進。他相信自己有能力通過其它方面的經營解決質量問題：通過加快速度、提高生產效率、加強員工及供應商與公司之間的共存關係等。而且，他一直認為，如果一個機構發展迅速而靈活，它自然會得到好的產品質量。但事實並非如他所想。他後來認識到這一問題後，坦白地說：「我們證明了我們可以快速成長而且行動敏捷，但可能得不到出色的質量。」

特別是當通用電氣與其它一些公司比較之後，很清楚地顯出差距，表明了通用電氣的產品和生產工序亟待提高。威爾許說：「我們推出的每一代新產品和服務水平都在提高，但還不足以使我們的質量趕上那些卓越的跨國公司的水準。它們以自身具備的頂級質量，在激烈的競爭環境中得到生存。」

的確，正像威爾許所說的，通用電氣的產品雖說很不錯，但還稱不上世界一流。而其它一些公司，諸如惠普公司、德州儀器公司、摩托羅拉公司及日本的豐田公司等等，它們的產品才真正堪稱世界一流。

威爾許還發現，在這些產品質量已達世界一流的大公司中，質量是它們經營管理的重中之重。通過多年的努力之後，這些公司也確實取得了令世人矚目的成就，那就是超越全球所有競爭對手的卓越的產品品質。

與這些公司相比，通用電氣明顯有待提高和改進：在產品質量及生產流程等方面，都有很大的改進餘地。威爾許誠懇地說：「通過不斷的升級和更新，我們已大大提高了通用電氣產品和服務的品質。但是，我們做得仍然遠遠不夠，不足以與那些擁有世界頂級產品品質的公司相提並論。這些公司已超越了與其他對手競爭的境界，而是自己向自己提出挑戰，從而推動產品品質到達更新、更高的層次。」

其它公司在質量方面技高一籌，威爾許對此形勢不可能熟視無睹。他決心將對質量的追求融入通用文化並貫穿始終。他如此專注於質量，幾乎到了沈醉於其中的狀態，並動員整個通用電氣全力以赴。他確信質量的改進，可帶來為通用電氣發展戰略方面的新突破，將使通用電氣成為全球最具競爭力的公司。

威爾許會大加讚賞那些靠努力工作以提高質量的員工：「他們頂風冒雪，幹了整個通宵，修理火車機車零件；他們為排除汽輪機或 CT 掃描器的故障廢寢忘食，連續工作幾天幾夜，以確保該設備在交貨期能夠正常運轉。」但他希望避免這種不必要的工作，希望通過改進工作程序，可以使第一次努力就達到盡可能完美的境界。

他覺得，如果通用電氣的產品和服務僅僅與競爭對手處於同一水平，或是略好於競爭對手，那遠遠不夠：「我們想要的遠比這還多。我們不僅僅希望我們能通過優於競爭對手以主導市場的競爭格局，還希望通過產品的新質量水平領導市場競爭。我們希望自己的產品品質對客戶來說，意味著突出且不可替代的價值，意味著成功的必要條件，從而成為客戶惟一有百分之百之價值意義的選擇。把質量視為公司的頭等大事，你會發現，客戶的滿意度也將隨之不斷提高。」

就像人們所熟知的，威爾許一旦下定決心做什麼事，便會投入地、甚至狂熱地做好這件事。比如說：80 年代初期對通用電氣實施的企業再造；80 年代中期推行的速度、生產簡單化和自信心的經營戰略；90 年代早期提出的無邊界和壁壘的戰略。90 年代末期，他依然以一如既往的狂熱和癡迷，再次推出新的公司經營戰略——質量至上！

對於通用電氣的所有員工來說，一旦威爾許下定決心，那麼一場轟轟烈烈的質量革命便會隨即迅速展開。這是他們早已熟悉的威爾許風格：要做，就別等待。這一次，威爾許將他那深邃的目光鎖定在「六標準差」上。

六標準差實際上是一個用於測量每百萬次操作中所犯之錯誤的計量單位。它不僅適用於製造業，而且適用於各個領域。其意為：錯誤的次數越少，質量等級越高。一標準差的意思是 68% 的產品合格，三標準差表示 99.7％合格。六標準差是最高目標，表示 99.99966％合格。達到六標準差時，產品的質量水平將比三標準差高出很多，它意味著每百萬次的操作過程中，不能超過 3.4 次的操作失誤。

20 世紀 80 年代初期，美國大多數公司都處於產品質量的中等水平，大約相當於三．五標準差，即每百萬次生產操作中，允許 35000 次操作失誤。

此時，來自日本公司的強大衝擊震撼了美國商界，一些美國公司，尤其是摩托羅拉等著名企業，開始著手應對新的挑戰。他們奮起反擊，力圖擊敗日本人，奪回昔日的風光。當時日本的產品，如手錶、電視機等，已近乎達到六標準差的完美境界。相反，美國產品的品質則大多徘徊在四標準差的中等水平上。當然，日本公司所能夠提供的「完美」產品還僅僅局限於電器設備、汽車及精密儀器等領域，而且，只局限於產品的生產方面。在通過改進業務流程以提高產品和生產力水平方面（比如通用電氣在 90 年代中期所做的），日本仍然落後於美國。

80 年代末至 90 年代初，摩托羅拉公司首先提出六標準差質量體系的概念。通過質量控制體系的推廣，摩托羅拉大大減少了操作過程中的失誤，把產品的質量水平由原來的四標準差提高到了五・五標準差，每年因此為公司節約資金約 2.2 億美元。

隨後，在摩托羅拉帶動下，其它一些公司，諸如德州儀器公司、聯合信號公司等，也都步其後塵，紛紛推出自己的六標準差質量控制體系。跡象表明，有相當數量的公司已經通過採用六標準差行動，獲得驚人的成就。

在這種情況下，威爾許及通用電氣所有的高層人員都在認真思考，究竟如何提高和改進公司的產品質量。此時威爾許似乎陷入從未遇過的兩難境地。

首先，他贊同大家的意見：通用電氣的確已具備開展一場大規模質量運動的各種成熟條件。但是，當他首次接觸六標準差時，不禁顧慮重重：六標準差質量控制體系與通用電器正在實施的各項經營戰略是否一致？

六標準差採取的是一種中央集權式的管理模式；六標準差看起來非常官僚——有那麼多報告和標準術語；六標準差要求明確、統一的考核指標……

總之，六標準差質量控制體系的核心理念完全不像通用電氣的風格。那麼，你也許會問，什麼才是通用電氣的經營風格？或者說，威爾許的經營風格有些什麼特點？

一句話，「合力促進」便是威爾許之所以獲得成功的最典型的經營風格——它致力於消除官僚主義的壁壘和障礙；它鼓勵自由和開放……

「合力促進」計畫明確地表明自己的立場，那就是：消除沒完沒了的報告、層層審批的程序、多如牛毛的會議及名目繁多的考核指標等等。而六標準差卻似乎是要把這一切都重新恢復，變成從前那種「官僚」的通用電氣。為此，威爾許憂心忡忡地對克羅頓維爾的史蒂夫・科爾說：「我都糊塗了 ?! 那還會是我們嗎？」

不過，最終他還是被他的員工，準確地說，是被那些一線的生產工人和工程師說服了。

在通用電氣公司，首先意識到必須大力整治產品品質的並不是威爾許本人，而是那些普普通通的員工。他們發現，公司雖然在生產力和周轉率方面連續多年得到長足的改善，但此時已走入改進速度減緩的階段，因為生產過程中的操作失誤率已累積到相當高的程度，嚴重阻礙了生產力的繼續增長。

1995 年 4 月，也就是威爾許因為心臟瓣膜手術住院前一個月，通用電氣進行了一次大規模的員工調查。調查結果顯示，員工們對公司的產品和生產流程的質量相當不滿意。

而來自其它公司的資料卻顯示，通過強調紀律及嚴格的管理，這些公司極大地改善了公司的產品品質，從而獲得了更高的客戶滿意度和更合理的成本控制。

同年 6 月，在威爾許安排下，特邀聯合信號公司的首席執行長拉里・博西迪前來，在通用電氣的執委會會議上發表談話。當時，威爾許剛剛做完心臟病手術，正臥床在家休養。

拉里・博西迪曾經擔任通用電氣公司的副主席，於 1991 年 7 月離開，加入聯合信號公司，成為該公司的首席執行長。1994 年，他在聯合信號公司開始全面推廣六標準差質量控制體系，取得了不錯的成效。

博西迪在通用電氣的執委會上講道：「我毫不懷疑，通用電氣確實是一家最優秀的公司。想想看，我曾為它工作了整整 34 個年頭。但是，通用電氣仍然有許多方面需要改進，才能變得更優秀。如果通用電氣決定引進六標準差方案，那麼它的質量將變得無以倫比，甚至可以為之著書立傳。」

當時，博西迪的話語中「飽含著實實在在的東西，決不是單純的宣傳，有其真實的內涵。」

威爾許本人一直非常敬重博西迪。直到現在，他們兩人仍然保持著深厚的友誼。他心想：如果六標準差真的那麼適合拉里．博西迪，那麼它也肯定會適合自己。

威爾許漸漸堅定了通用電氣必須改進質量的信念。最終，他提出：「在通用電氣，質量不再是個單純的口號，也不只是某個月的活動主題，它將是公司的紀律，而且是永恒的紀律，將永遠被堅定地執行下去。」

對於丹尼斯．戴爾蒙這位通用電氣公司的副總裁來說，拉里．博西迪的講話「富有深刻的涵義。它點到了通用電氣的要害，而不僅僅是隨便喊喊的口號。」

這次執委會會議結束後不久，威爾許便指派當時通用電氣負責業務拓展的副總裁加里．雷納去深入研究其它公司怎樣通過質量行動取得進步。雷納選中的研究對象是摩托羅拉和聯合信號等公司。

1995 年秋天，威爾許邀請六標準差質量控制體系的專家邁克爾．哈里在公司的高級職員會議上做報告。哈里談論了六標準差對於改進產品質量、改善生產工序的價值。在整整 4 個小時的時間裏，「他興奮地從一個畫板架前跳到另一個畫板架前」，寫滿了各種統計公式。

參加培訓的人當中，雖然大多數都不怎麼明白那些統計學語言。但是，無論如何，哈里的講演還是成功地吸引了他們的想像力。哈里列舉了足夠多的實例，也足以打動聽講人的心。

聽完講演後，大多數人都對自己缺乏統計學知識而憂心忡忡，同時又對這個神祕的「六標準差」興奮不已。

這一系列行動都表明，威爾許已下定決心，他將像過去那樣，在通用電氣開展一場規模浩大的質量運動。不過，他並不打算隨大流，跟在別人的後面學步；他希望能夠以自己特有的經營風格開展這項運動。

公司的前任副總裁保羅・弗雷斯科如此評說：「一旦傑克・威爾許下決心做某件事，他就將以一種罕見的激情和強度投入具體的行動之中，直至行動的目標得到實現。」

六標準差質量運動風風火火地在通用電氣拉開了序幕。它既不再僅僅是一項計畫，也不再只是威爾許的個人理念。「六標準差」已響徹通用電氣的每一個角落。或者說，在威爾許的大力推動下，「六標準差」已變成通用電氣的新格言和所有通用人的戰鬥口號。

一個創意要成功，必須一開始就由最傑出的人領導！

1996 年 1 月，在佛羅里達州博卡拉頓召開的公司年度管理會議上，威爾許對參加會議的 500 名管理人員宣布，六標準差質量控制系統正式啟動。他宣稱，六標準差質量控制系統將是「通用電氣歷史上最大的成長時機，它不僅有助於公司盈利能力的提高，也將大大增加員工的滿意度。」

向來出人意料的威爾許，再次為通用電氣設定了幾乎是難以達到的目標：「摩托羅拉用 10 年時間所辦到的，我們必須在 5 年內實現。」也就是說，截止於 2000 年，通用電氣必須成為一家具有六標準差產品品質的頂尖公司。到那時，通用電氣將基本上達到產品、服務及各項商務活動 100％合格的完美境界。

威爾許並且強調，這一目標將是通用電氣迄今為止，最能夠體現其「追求卓越」之內核的目標：「六標準差可以真正使通用電氣從最了不起的公司之一這個地位上升到全球商界絕對了不起的公司。」

他希望通過六標準差質量控制體系的實施，能夠使通用電氣的質量水平達到每百萬次操作，出現失誤的次數少於 4 次的水平。具體地說，以通用電氣公司當時（1996 年）的質量水平，為了實現六標準差質量控制的目標，就意味著它必須把自己的操作失誤率降低 10000 倍。

根據威爾許的時限，如果通用電氣將實現六標準差的時間鎖定於 2000 年，那麼，這將意味著它必須每年至少降低 84%的操作失誤率才行。

六標準差——威爾許為通用電氣公司設定的，歷史上最具雄心的目標：「六標準差質量運動並不要求任何創造性。它早已是一種公認行之有效的方法。我們的任務就是把它有機地融合到通用電氣無邊界和壁壘的企業文化中來，並使它成為我們的團隊贏得競爭優勢的源泉。」

威爾許指出：「六標準差——通用電氣預定於 2000 年達到的質量等級，將是通用電氣歷史上最大、最有價值，也將是最終能夠帶給它最大收益的浩大行動。因為，各項統計數字表明，通用電氣目前已經成為世界上最有價值的公司。到 2000 年，我們將做得更好。到那時，我們不僅仍然要在質量上戰勝對手——這一點我們現在已經做到，而且，我們要勝過競爭對手 10000 倍。我們不僅要讓我們自己，同時也要讓我們的用戶心悅誠服地給予通用電氣這樣的評價。」

威爾許希望通用電氣能夠在 5 年內實現六標準差產品品質。而摩托羅拉為了同樣的目標則奮鬥了 10 年之久。人們不禁產生這樣的疑問：通用電氣能如期達到嗎？

面對外界懷疑的目光，威爾許，這位通用電氣的首席執行長信心十足，因為 5 年實現六標準差目標正可以體現他一貫奉行的「追求卓越」的經營理念，具有非常現實的意義。他認為，通用電氣與摩托羅拉實施六標準差的前提不同。摩托羅拉是六標準差質量體系的締造者，它從零的基礎上構建這項質量管理體系，當然需要更多的時間。而通用電氣不同，它可以利用其它公司已經成熟的六標準差技術和經驗。此外，通用電氣堅實的「合力促進」的企業文化也能夠有效地推進六標準差質量控制體系的順利實施。

他完全有理由相信，通用電氣可以比其它公司花更少的時間實現六標準差目標：「世界上再也找不出任何一家公司能夠像通用電氣這樣更有效地開展如此大規模的變革運動。過去 20 年，通用電氣順利走過了每一次企業文化的變革，這足以讓我們信心十足地接受『六標準差』——這個令人激動又具有大好前途的新挑戰。」

通用電氣首先把質量運動的重點放在減少和消除那些造成公司的寶貴資源——時間和金錢之浪費的工作環節上。就此而言，涉及的範圍頗為廣泛，諸如向客戶收費、安裝渦輪發動機、公司的保險政策等等。

在六標準差剛剛開始推行的頭一年，六標準差僅被看作是一項新的管理措施。儘管威爾許在各種講話中一再強調，並於 1996 年春天向所有的員工頒發了專門的宣傳手冊，——《理想之路》，然而，六標準差概念的推廣仍然緩慢而缺乏生氣。

1997 年 1 月，通用電氣召開生產一線的管理人員大會。威爾許在會上發表講話，總結了他所看到的通用電氣當前的質量運動：「簡而言之，質量必須成為在座各位的核心任務。高度重視質量問題，諸位責無旁貸……諸位必須以萬分的熱情去關注質量問題……『熱情』也許還不夠，諸位必須以加倍的熱情，甚至是偏執狂式的執著去對待質量問題。你們必須接受改善公司產品和流程之質量的任務，並堅決貫徹到整個公司的方方面面……可以召開會議，可以發表講話，可以展開各方面的考評，可以提拔某些員工，也可以增加崗位、聘用人員……總之，在座的各位就是公司質量的全權負責人；任何差錯，都將影響到各位是否繼續留在公司。」

威爾許宣稱，六標準差質量控制體系將是通用電氣無邊界和壁壘組織結構形式的一項自然的延伸和擴展。為此，他明確地發出「警告」：通用電氣的任何人如果反對或不積極地投入六標準差質量運動，那麼，公司將請他另謀高就。

「六標準差與其它無邊界和壁壘的組織行為並無區別。那些不認同無邊界和壁壘組織形式的員工不可能留在 80 年代的通用電氣；同樣，不認同六標準差的員工也將不可以留在 90 年代的通用電氣。如果你不能夠為公司的產品和流程的質量做出貢獻，那麼，只好請你另謀高就。因為現在的通用電氣已經把所有的工作都轉移到以質量為重心上。為此，六標準差必須成為通用電氣的共同語言。」

六標準差的等級評價有點類似「跆拳道等級」，即用藍帶和黑帶分別代表六標準差質量管理的不同級別。通用電氣的員工將被授予各種不同顏色的「帶」，象徵他們已經通過某種程度的六標準差質量控制技術及其複雜的統計方法的訓練等。另外，威爾許還明確地將六標準差與獎勵和晉升掛鉤：

「我們希望，通用電氣新世紀的領導人將由接受過黑帶培訓的管理人員擔任。這樣，他們也將自然而然地聘用那些同樣擁有過黑帶培訓經歷的下級。他們甚至也會用同樣的眼光評價公司的每一位成員……現在，熱身活動已經結束。從今天開始，我們必須投入十倍、百倍的精力與熱情貫徹六標準差。它將是每個人工作的核心任務，也是公司的未來。2000 年實現六標準差——這一目標非常艱巨，因此我們每一個人都必須以前所未有的緊迫感貫徹它。」

1997 年 3 月 22 日，威爾許專門向通用電氣全球的管理人員發送了一份傳真，明確規定，管理人員的提升將直接與六標準差掛鉤。這無疑是再次發出警告：通用電氣的每一位成員都必須慎重對待公司的質量運動。

威爾許是認真的，他將通用電氣的員工前途與這項計畫的成敗緊緊地拴在一起。為了進一步昭示他的決心，他將120 位副總裁中 40% 的獎金與落實六標準差的成果掛上鉤。

可想而知，在他如此強力推動下，六標準差質量控制體系的培訓課程迅速呈現出火爆的場面。

如同所有的創意一樣，威爾許用獎勵作支柱。依此，通用電氣調整了整個公司的獎懲計畫：獎勵中的 60% 取決於財務成果，40% 取決於六標準差成果。2 月份，總公司把大部分贈送性股票期權（選擇權）發給參加「黑帶」培訓的員工，因認為這些員工是最出色的。

孰料，把期權推薦申請表發出去以後，電話便一個接一個打了過來。其中一個最典型的電話是這樣的：

「傑克，我的期權不夠。我們公司得到的期權不夠用。」

「你這是什麼意思？你們有足夠的期權，可以確保所有的『黑帶』都得到。」

「是的。但是，我們不能把所有的期權都給『黑帶』啊！我們還得考慮很多其他人。」

「為什麼？我覺得你們最好的員工是『黑帶』，他們應當得到期權。」

「呃……可他們並非代表所有的最佳員工。」

對此，威爾許的答覆是：「你只應該把最好的員工放到六標準差計畫裏去，然後給他們期權。我沒有更多的期權給你了。」

其實，威爾許只是希望能夠確保將最好的員工安排到每一項創意裏去的經理。他認為，在無須分心的情況下，誰也不會放棄表現自己的最佳才能。公司要達到的目標很高，需要最好的經理促使它成功。

但是，六標準差質量管理最初還是遇到了阻力。一開始，只有四分之一或二分之一的「黑帶」候選人是最好、最聰明的，而剩下的差不多都是蒙事兒的。

其中一個比較突出的案例是在審查邁克．高迪諾負責的通用金融服務公司的商業融資業務時發現的。這項交易所涉及的大部分是非投資類公司。威爾許知道，要為這些交易尋找一名六標準差型領導人不是一件容易的事。

起初，邁克找到一個人負責此項工作，但他只會在演講中「放空炮」。於是，所有在場的人都清楚，六標準差在這家企業裏沒有任何進展。當時，大家都開玩笑地說，這個六標準差領導人在電梯裏還沒有到達總部的首層時就「決定離開」了。

後來，邁克決定不再心存僥倖，他安排了一名最優秀的員工負責。史蒂夫．薩金特接下這個工作，並且表現得非常出色。後來，史蒂夫成了通用電氣金融服務公司的六標準差領導。2000 年，史蒂夫再次升職，擔任通用電氣歐洲設備金融業務的 CEO。

按照威爾許的想法，一個創意要獲得成功，一開始就必須由最出色的人領導。在這個問題上，他可說是非常執著，堅持不考慮讓在 1998 年年底前沒有受過至少「藍帶」培訓的人擔任管理職務。雖然他在各種場合反覆強調，通用電氣還是花了 3 年時間，才把所有的最佳員工放入六標準差的計畫內。

就像無邊界和壁壘的學習文化決定了通用電氣員工的行為方式一樣，六標準差質量控制體系決定了通用員工的團隊精神。1997 月 4 月 23 日，在公司的例行年會上，威爾許再一次信心十足地發表了如下的講話：

「在新世界、新形勢下，我們要求公司的每位成員都具有清晰的質量意識，我們也將毫不留情地淘汰掉任何一位不能夠達到這一要求的成員。有評論說我們過於向質量『傾斜』——這的確是個公正的評價！沒錯，我們的確如此。」

從客戶出發，為客戶服務。

按照威爾許的說法，六標準差的核心就是將通用電氣從裏往外翻個個兒，讓公司將著重點向外放到客戶身上。他這麼說：「質量將是贏得客戶滿意的首要且最重要的指標。只有讓客戶感覺到他們從通用電氣的產品或服務中所獲得的價值，通用電氣才能夠真正成功。」

在一次記者招待會上，一位《商業周刊》的記者問他：如果通用電氣的員工問他，六標準差質量運動能夠帶給他們什麼好處，他將如何回答這一問題。

威爾許沒有絲毫猶豫地回答：「工作保障；更高的工作滿意度；不再有多餘而浪費的工作及發展。」

「可是，不論有沒有什麼六標準差質量運動，員工們不是照舊每天在工廠上班 8 個小時嗎？」這位記者追問道。

威爾許解釋說，如果沒有六標準差質量運動，工廠的員工便會面臨被解雇的危險。因為六標準差質量運動的核心在於挖掘客戶的需求，這便意味著員工的工作在未來仍然會有需求。說到這裏，他進一步補充道：「現在，我們將以過硬的資料說話，而不再空洞說教。過去，你可能會口頭許諾客戶如何如何，而他們則不一定需要你做任何許諾。但現在客戶總會問你：『你可以把貨按時送到某個地方嗎？』瞧！現代市場已經不再以你的意願為準了。所有的一切，統統取決於用戶。也就是說，在你的公司裏，說了算的是你的客戶而不是你。」

威爾許將通用電氣的質量戰略構建於其它戰略的基礎之上，例如合力促進、無邊界和壁壘的經營戰略等等。他說：「生產力戰略的下一步必是質量戰略。由於質量的提高，大量返工、返修的工作不再存在；銷售人員被無理佔用的時間也將越來越少，他們不必再花費80%的時間和精力處理那些出錯的發票或發貨清單……而所有這些，都創造了驚人的生產力。質量也將是下一次變革運動的主題。企業運作的宗旨便是以最少的投入創造最大的產出。不是嗎？而這便需要充分利用每一分鐘的生產時間。質量運動也將是學習過程的下一個環節。消除公司多餘的管理層級、剔除組織結構中多餘的脂肪、廣泛的員工參與等等，這一切目標的實現，都離不開員工的創造性。在質量運動中，我們惟一要做的就是締造一個學習型組織。」

在英國舉行的一次通用電氣用戶會議，給威爾許留下深刻的印象，也更堅定了他「以質量為先」的看法。他激動地對大會發表演講，詳細闡述了為客戶服務的思想：

「六標準差這一通用電氣未來的希望既是我們追求的理想境界，也是公司最基本的質量保證。它極大地提高了客戶滿意度，也給我們帶來了成功。同時，它有效地提高了每個人的工作效率，並為我們贏得更多的客戶。推動我們不斷追求高標準產品品質的原因，並不是為了通用電氣自身的利益，而是為了使你們——通用電氣尊敬的客戶們，能夠更具市場競爭力。通用電氣質量戰略的目標就在於讓你們滿意。我們產品的品質，實質上就是你們的質量保證，就是你們獲得競爭優勢之所在。」

1999年4月，威爾許總結了過去三年半來，通用電氣所開展的質量改進活動。他驕傲地對股東們宣布了六標準差質量控制體系的巨大成果：「在六標準差質量控制體系開展的頭兩年，通用電氣共計投資 5 億美元，用於公司的全員質量培訓。從此，通用電氣最大的資源——即全體員工，被充分調動起來，『全職』、全身心地投入各個六標準差質量項目活動中，並取得了顯著的成效。」

通用電氣的六標準差項目從 1996 年的 3000 個上升到 1997 年的 6000 個，並且實現了 3.2 億美元的收益，比威爾許原先設定的 1.5 億美元目標翻了一番多。到了 1998 年，由於六標準差質量改進項目而產生的直接收益超過了 7.5 億美元，遠遠高於通用電氣在六標準差質量控制體系上所做的投入。

由於六標準差的作用，通用電氣的營銷利潤從 1996 年的 14.8% 上升到 2000 年的 18.9%。據威爾許估計，隨著通用電氣市場份額及產量的不斷增加，六標準差將繼續為公司帶來上百億美元的成本節約，並直接構成公司的利潤收益。

正在通用電氣管理層為所取得的結果感到欣慰時，威爾許卻聽人說，通用電氣的客戶並沒有感覺到通用電氣的質量與過去有什麼區別。他這麼說：「我們的客戶聽到了從通用電氣高牆內傳出的陣陣歡慶，他們不禁好奇地問道：『究竟發生了什麼大事？我們錯過了什麼？』現實卻是，客戶仍然只能繼續『忍受』通用電氣不穩定的『超一流質量』。」

為了找到問題的癥結，威爾許決定聘請皮特．范．阿比倫擔任新設立的六標準差副總裁——這是他以通用電氣 CEO 之職所設立的第一個也是惟一的一個新職位。阿比倫是全球塑膠的產品製造經理，已經在荷蘭海岸貝爾根奧普佐姆的一家工廠裏展現出六標準差的力量。阿比倫和他的一班人馬通過應用六標準差，在沒有實質性增加投資的情況下，將每周 2000 噸的產量翻了一番，達到每周 4000 噸。此外，他還完全掌握了六標準差究竟能起什麼實際作用，並能夠用最簡單的語言加以解釋。

關於為什麼客戶沒有感覺到六標準差所帶來的進步，阿比倫很快便找到了答案。他提出的原因非常簡單地讓包括威爾許在內的所有人都明白了：六標準差只是關於一個問題的——方差（數據與平均數之差）！包括威爾許自己在內，所有的人都學過這個問題。但是，誰也沒有按照阿比倫解釋的方法看待這個問題。阿比倫將平均值和方差聯繫在一起，可謂通用電氣六標準差發展過程中的一個突破。

此後，通用電氣拋開了平均值，通過壓縮被人們稱作「數值範圍」的東西，把注意力集中在方差上。威爾許從客戶需要產品的那一天起，就把數值範圍設定在測量方差，無論是這種需求的幾天前還是幾天後。如果能將數值範圍減到零的水平，客戶就總是能夠在他們提出需要時得到產品。

通用電氣內部的問題是：總是習慣於根據一個平均值測量有多少進步——而平均值只計算了公司的整體製造或服務周期，並沒有與客戶聯繫在一起。打個比方說，如果公司能夠將交貨時間從平均的 16 天減少到 8 天，就能很明顯地進步 50%。但是，客戶什麼也不會感覺到——除了方差和不確定性。有些客戶收到所訂的產品時晚了 9 天，有些則早了 6 天。而當開始應用六標準差和包含數值範圍在內的基於客戶的方法指導工作時，交貨的數值範圍從 15 天降到 2 天。現在，客戶確實感受到了進步，因為收到所訂產品的時間更加接近他們所希望的日期了。

雖然這個問題聽起來非常簡單，而且也的確很簡單，但通用電氣在六標準差開展三年之後才掌握了它。縮減數值範圍對所有人來說都很容易理解，並成為公司上下各級的「戰鬥口號」。威爾許需要的正是破解六標準差的複雜性。通用電氣的塑膠業務將他們的數值範圍從 50 天減到 5 天；飛機發動機從 80 天減到 5 天；抵押保險則從 54 天減少到 1 天。

現在，所有客戶都明顯地感覺到了！

此外，數值範圍還有助於集中測量對象。過去，在大多數情況下，通用電氣使用的是銷售人員與雙方——客戶和工廠——商談後承諾的交貨日期，從來沒有測量客戶真正想要的是什麼，以及他們什麼時候要。

今天，六標準差又向前邁進了一大步，將測量的數值範圍從要求交貨日期到客戶第一次實現收入：CT 掃描器的周期為客戶要求的日期到機器第一次為患者服務；飛機發動機維修車間的周期為引擎從飛機機冀上拆下到飛機再次上天的一段時間；發電廠的交貨周期為客戶訂購時間到開始發電的時間。

於是，每一份定單都附上客戶啟動日期的標籤。追蹤方差的圖表掛在所有工廠裏。這樣，對所有人來說都一目了然。運用這些測量辦法，方差的概念就「活」了，客戶能夠看見、感覺到通用電氣所做的一切。

六標準差是一種全球通用的語言：無論在曼谷還是上海，人們對方差和數值範圍的理解與克利夫蘭和路易斯維爾的人都一樣。因此，通用電氣進一步擴展了這項創意，用被稱為「六標準差：從客戶出發，為客戶服務」的口號，讓它直接與客戶見面。也就是說，公司將「黑帶」和「藍帶」帶到客戶的商店，藉以幫助他們提高業績。

1999 年，威爾許致公司年報的信寫到：「通用電氣的每一個產品事業部門及每一項金融服務都在利用六標準差質量控制技術設計產品和運作流程。現在六標準差質量體系的重點越來越清晰，即在於幫助通用的客戶贏得市場競爭的優勢。目前，通用所開展的六標準差質量改進項目中，幫助客戶改進其生產流程的項目越來越多，占總質量項目的比重越來越大。其中很多項目是應客戶的請求而進行的。

「我們的目標已不再是簡單地向客戶提供無瑕疵的產品和服務——我們一度認為這是我們給予客戶的最好承諾，也正是客戶最需要的東西。現在我們重新鎖定目標，那就是在客戶需要的時候向他們提供他們所需要的產品和服務。我們發現，不管身處於哪個行業，那些世界頂級的公司都具有這樣的特徵：全心全意為客戶服務。通用電氣以六標準差為驅動力，努力追求同樣的目標。」

一旦得到客戶的認可，通用電氣便取得了效果。2000年，在飛機發動機領域，為50家航空公司做了1500個項目，幫助客戶獲取了2.3億美元的經營利潤。醫藥系統的項目有將近1000個，為他們的醫院客戶創造了超過1億美元以上的利潤。通過將公司的內部測量與客戶的需求並軌，通用電氣贏得了與客戶更密切的關係和更多的信任。

創新經營實戰之二：「讓每個人都付出150%的努力。」

傑克．威爾許經常說：「員工的潛能是你永遠無法想像的。至於他們能夠實現多高的目標，任何人，包括員工自己，事先都無從知道。」因此，「事業部門的領導人必須想盡辦法，挖掘出員工的最大潛能。要相信，員工的潛質絕對超乎你的想像，只要你肯去挖掘，就會得到一筆驚人的財富。在追求卓越的過程中，身為事業部門的領導人，挖掘員工的潛能，始終是所有工作中的重中之重。記住：鼓勵你的員工永遠追求卓越的目標。」

對管理人員而言，重要的是讓員工感覺到一種能夠引以自豪的成就感，哪怕他們在短時期內沒能達到這些高標準的要求。傑克．威爾許就說：那些勇於向原定目標挑戰的事業部門領導人最應該受到獎勵，哪怕他們沒有實現他們的卓越目標。

正是基於這樣的理念，威爾許「追求卓越」的新經營戰略才未放在強求每個人都能夠實現「遠大卓越」的目標。只要你為此付出150%的努力，發揮出自己最大的潛能就行了。

只要存在一線可以做到比現在更好的希望，就不應該輕易接受當前的結局！

最大限度發揮員工潛能的關鍵就在於制定高標準的業績目標。因此，「追求卓越」經營戰略的第一步便是在公司的能力範圍之內，計算出可達到且合理的業績目標。

第二步，也是最關鍵的一步，則是設定更高、盡可能高標準的目標。這些目標看起來似乎很難實現，需要付出極大的努力才有達到的可能。對此，威爾許解釋說：「我們發現，只要我們敢於朝著那些看似不可能的目標不懈地努力，我們最終往往可以如願以償。哪怕我們最後沒有實現這些目標，我們也會發現，最終的結果肯定遠比我們所預想的好得多。」

勇於嘗試和不斷追求卓越的心態在人們做事情的過程中起著很重要的作用。因為只有這樣，過去那種為了少背指標、多拿預算而討價還價的現象才能夠完全消除，管理層也將因此贏得更多的時間和空間來考慮公司長遠發展的目標。

不斷「追求卓越」的目標不僅使得通用電氣的成員不再為預算而斤斤計較，而且極大地促使通用人為了完成威爾許所制定的遠大目標，發揮出最大的潛能。

威爾許希望員工們朝著自己遠大的理想奮鬥，而不是像那些典型層級組織中的員工那樣，為了能夠減少一星半點的指標和任務，與管理層翻來覆去地討價還價。在他看來，那些為預算或指標而出現的無休止的爭吵，只會產生一種妥協的結果，對於事業的發展毫無意義。

「人們花費了整整一個月的時間閱讀資料、完成報表、進行各種演講和報告。最後，他們告訴公司的首席執行長，如果經濟環境如此如此，市場競爭這樣那樣，公司最好的收益結果將會是 2……聽完彙報後，首席執行長回道：『很抱歉！我必須讓公司的股東獲得 4 的收益。』……最後，公司取得了 3 的業績，每個人都高高興興地回家去了。」

那麼，威爾許追求卓越目標的經營戰略是否意味著通用電氣嚴格控制預算的傳統制度將被取消呢？這不僅是記者感興趣的話題，也是通用電氣員工心中的疑問。

對此，威爾許直截了當地回答：「沒錯，正是這樣！」他質疑，通用電氣解決預算問題的一貫做法是把參與預算分配的各方召集到一起。結果顯而易見，就是大家平均分配所有的預算。這樣的預算制度有什麼意義呢？「嚴格的預算制度本身沒有任何意義……只要構建起一個相互信任、開放的環境，你將會看到大家對待預算的態度是何等不同……不過，這裏有一個前提條件，那就是完善、合理的人力資源制度和報酬制度的建立……事情搞砸了，其原因往往就是業績的考評系統、報酬系統與組織目標背離和相左。後果便是一些不佳行為的滋生。」

威爾許對「追求卓越」的戰略構思大約可追溯到 1993 年。回顧當年，他說：「在一個無邊界和壁壘、並講求速度的組織中，談什麼小數點後的增長數字是毫無意義的。這些小數點後的數字絲毫不能夠激發員工的激情，也談不上任何挑戰，更不能挖掘員工的想像力和創造性……現在，我們開始獎勵他們在遠大的目標下所取得的進步，而不是每次壓迫式地增加一星半點的指標和任務。設定目標、超越目標，似乎已經成為日常發生的事……在無邊界和壁壘的組織中，在速度的驅動下，在遠大目標的感召下，員工似乎具有無窮的力量，不斷完善每一件事。」

克羅頓維爾培訓中心主任史蒂夫·科爾說，威爾許追求卓越的經營戰略似乎有悖於傳統的管理哲學。一般人都認為，如果把目標定得過高，最後的結果將會比把目標定得稍低時還要令人失望。然而，威爾許追求卓越的計畫卻取得世人矚目的成績。

在威爾許看來，員工不僅應當完成既定的目標，還應該努力超越這些目標。當然，如果員工實在沒有能力達到這些「過高」的要求，也不應該受到指責和懲罰，只要他們確實為此付出足夠的努力。身為一名部門領導者，任何時候都要想清楚這樣一個問題：「是否有必要要求你的員工必須完成那些很高的業績目標？還是說，只要盡力就可以？」

那麼，如果員工當真達不到「追求卓越」的高標準，公司將採取什麼有效的措施？對此，威爾許早已成竹在胸。他認為，解決這個問題十分重要，也非常簡單：「如果某個團隊沒有完成目標，那麼，沒關係，再給它一次機會。如果他們再次失敗，那麼，不妨換個團隊領導試試看。但無論如何，你都不可以因為不能夠實現這些高標準而懲罰任何人……假如你的目標是 10，而你現在的狀態只是 2，那麼當你取得 4 的成績，我們就會為你舉杯慶賀。我們還將發放豐厚的紅利，並為此舉辦盛大的慶祝晚宴……當你進步到了 6，我們將再次為你舉杯慶祝……我們不再花費時間和金錢去算計從 4.12 增長到 5.15，再增長到 6.18 等等。」

把「追求卓越」目標的風險，降為零

曾經在 20 世紀 90 年代末期擔任通用電氣照明事業部主管的戴維．卡勒注意到了與追求卓越目標經營戰略相伴隨的風險。有時候，部門領導在年度計畫中所承諾的既定目標會與「卓越的目標」相衝突。

事情是這樣發生的：有一次，威爾許要求某部門的主管把其既定的 1 億美元的銷售任務提高到 2 億美元。

卡勒說：「這時候，你也許就會詛咒這該死的『卓越目標』了。因為你得拚命地想辦法，還感覺到不能完成任務的絕望。這時，你也許就會萌發一些冒險的念頭，諸如收購一家公司，把產品的價格降低到不可思議的水平等等。也就是說，為了達到這些『卓越的目標』，部門主管將被迫去做一些違背自己本來意願的事。而『追求卓越目標』的初衷應該是希望主管們發揮最大的潛能，在勇於追求高標準業績的同時，也保證公司總體、長期的利益。究竟如何調解兩者之間的不一致呢？這便是威爾許和整個通用電氣管理高層面臨的最大挑戰。」

威爾許自己似乎也明白追求卓越戰略的弊病所在。因為其它部門發生的一些案例也證實了這項戰略確有缺陷。例如，某些一線的生產工人非常努力地工作，並在上一年的基礎上努力提高其生產業績。年終時，這些生產工人的業績的確有所增長，然而，他們的老闆卻對此非常失望，因為他所期待的業績增長遠遠高於員工們所取得的實際增長。於是，工人們便受到批評。上司指責他們的業績「非常一般」。結局可想而知：不開心的老闆和缺乏生產積極性的工人！

當然，這種情況的出現絕非威爾許推出這一新經營戰略的初衷。不過，對上述問題的出現，他並不擔憂，因為他心裏清楚，「追求卓越的目標」並不是個簡單的概念，員工需要時間加以理解和嫺熟地應用它。

「如果上司總是不顧實際情況地制定卓越的目標，並把它列為必須實現的計畫，員工就會因沒能夠實現這些高標準的目標而受到上司的指責和懲罰。那麼，上司和員工的關係可想而知，將會變得多糟！如果情況真是這樣，『追求卓越目標』的經營戰略必將徹底失敗。我並不強求每一位為我工作的員工都必須具有宏偉的計畫或遠大的理想，我不會因為他們缺乏長遠的計畫而橫加指責。應該受到指責的是在有條件的情況下，因為沒有付出足夠的努力而導致失敗。相反，只要付出努力，取得進步，哪怕是很小的進步，就應該受到表揚。」

通用電氣醫療儀器部門的主管傑夫・依梅爾特注意到，90 年代初期，威爾許剛開始推行他的追求卓越經營戰略時，他更關注財務目標的不斷超越。到了 90 年代末期，他的注意力已轉移到工作流程上。「如果沒有良好的工作流程，我們將無法保證目標的實現。現在的重點將放在工作流程的改進和完善方面。例如在 2000 年年底，使通用電氣成為一家全面貫徹六標準差質量體系的公司。我們相信，只要我們改進了工作流程，就必定能夠實現傑克・威爾許為我們制定的那些高標準的目標，並將不負華爾街的期望。」

在具體實施的過程中，威爾許有時會悄悄為某個部門設定卓越的目標，有時則大張旗鼓地向所有人宣告新的高標準目標。

在六標準差質量戰略剛開始提出的時候，他決定，公司將在未來 5 年內，成為一家全面貫徹六標準差質量體系的公司。這遠比摩托羅拉公司為此所耗費的 10 年時間短得多。5 年後的 2000 年春天，在威爾許公開出現的各種場合中，他從來不提六標準差戰略目標的具體實施情況。輿論界據此認為，通用電氣六標準差戰略的實現尚需時日。然而，在他看來，5 年實現六標準差質量體系的全面貫徹絕對是個高標準，不管成功與否，他仍然非常高興，因為員工們已經積極努力地為這可望而不可及的目標付出了「卓越」的奮鬥。

人們也許會很好奇，威爾許為什麼要等到 90 年代初期，而不是上任伊始，才開始著手推行追求卓越目標的經營戰略？如果你能夠從通用電氣的知情人那裏瞭解到一些他最初對通用電氣進行再造階段的種種困難，你的問題也許就有了答案。

他明白，在他接手通用電氣的初期，對於大多數事業部門的領導人來說，卓越的目標太過奢侈。他必須延緩追求卓越目標戰略的推出時間。直到各個事業部門的領導都已具備足夠的自信心，追求卓越目標的經營戰略才有可能具備實施的條件。

他認為，「追求卓越」目標的思想很有意義，因為它將鞭策員工更加努力。即使他們最終沒能實現這些目標，他們也會在這一追求超越自我的過程中學到足夠多的東西，從而得到甚至超乎自己想像的結果。因此，他強調，身為一名公司領導者，必須不斷地向你的員工灌輸一種思想：「超越自我，追求卓越。」

當然，在追求超越自我，追求卓越的過程中，也可能失敗。但威爾許堅信，最糟糕的結果也不過是失敗罷了。但是，在超越自我的過程中，在追求高標準業績目標的道路上，通用電氣所得到的將比在低水準的要求下所獲得的多得多。

| 第六章 |

創新經營眼光：順應大勢，改變遊戲規

傑克·威爾許語錄：

任何全球化擴張都充滿了風險和文化衝突：德國人允許行賄；法國不僅允許行賄，還可免稅。因此，你必須十分警惕，經受鍛鍊。但在美國本土，這是不允許的。顯然，風險越大，機會越多。我想，這就是區別之所在……通過電子商務，我們可以擴大我們的市場，找到新的客戶。通用電氣的供貨基地可以變得更加全球化。我們在規模優勢方面所做的技術投資體現了規模大實際上是有好處的。對我來說，因特網世界的利潤所在是：「舊經濟」型公司在生產率和市場份額方面的收益抑制了「新經濟」模式增長的機會。

傑克·威爾許自從擔任通用電氣 CEO 的那天起，就非常清晰地預測到：通用電氣即將面對的絕不僅僅是美國本土的企業。另外，他還明顯地意識到：全球化興起，帶來巨大之挑戰的同時，也孕育了無限的商機。他很有信心，通用電氣將因此而發展壯大潛力巨大的海外業務。

創新經營實戰之一：
全球化經營的布局

儘管早在 20 世紀 70 年代，美國的鋼鐵、汽車等行業就品嘗到日本、西歐企業競爭的猛烈衝擊之苦，但美國大公司的領導者還在一廂情願地幻想著，80 年代將是 60、70 年代的翻版，只要美國經濟形勢好轉，那麼，只要在他們傳統的工業習慣上增加一些新的附屬物，他們的公司就依然可次像以往那樣強大。

與眾不同的是，威爾許以他那敏銳的直覺和深刻的思維認識到：通用電氣和其它美國大型公司若想在全球性經濟迅速發展、變化的環境中求得生存，就必須展現新的思維方式和戰略眼光。因為在這種環境中，毀滅性的競爭不僅僅來自國內活躍於高科技領域的新興企業，更來自海外的競爭者。

全力推動通用電氣的全球化步伐

雖然通用電氣在 20 世紀 70 年代獲得了巨大的發展，但威爾許上任時，公司所面對的形勢仍然不容樂觀，甚至可說非常嚴峻。全球範圍的競爭越演越烈，特別是亞洲的日本，歐洲的西德，它們那些質優價廉的家用和其它電器產品，一直構成對通用電氣公司的極大威脅。而且，隨著美國經濟的長期不景氣和西歐工業復興的完成，通用電氣公司傳統產品的市場日漸萎縮，以至於在 l970 至 1979 年間，它在出售電氣設備等方面的收入，由占總收入的 80%下降到 47%。

在這期間，通用電氣也曾對全球化的努力做過幾次嘗試，但都沒有成功。公司大部分的事業部都出現經營上的問題；雖然有盈餘，投資報酬率卻偏低。

家電用品及半導體是公認相當具有競爭力的，但電力系統則衰退得很快。主要原因就是電力需求減少了。通用電氣當時惟一的兩個全球性產業——塑膠及電氣，競爭力比日本公司差得多。再加上當時美國空軍與通用電氣公司飛機發動機事業部的一場糾葛，給它的軍方訂貨蒙上一層厚厚的陰影；而軍方訂貨是它的產品中惟一不受外國製造商競爭的領域，而且是其發動機事業部的主要基礎。這就使外國競爭對手的攻勢顯得更加凌厲。

70 年代，通用電氣在核能、飛機發動機及消費性產品上投資過多，其電腦及積體電路事業卻沒有充分發揮。如果它在上述兩項事業上做更多的投資，應該可以及時發展出關鍵技術。總之，通用電氣由傳統的電子機械零件轉變成現代的電機零件的步伐太慢；對於風險的承擔過於保守。從總體看，這是一家沈悶而喪失生氣的公司，缺乏成長型公司應有的活力。

比這類批評更嚴重的是，通用電氣公司所經營的產品種類是多樣化的，從傳統的電氣產品到航太產品，包括醫療器械、工程塑料、工業自動化、金融等 10 多個行業，以致分析家都無法將它列入哪一個大行業之中。因而，它的競爭對手也為數特別多。日本的日立、松下、東芝，英國的羅爾斯．羅伊斯，德國的西門子、飛利浦，本土的威斯汀豪斯電氣公司等等，這些赫赫有名的大公司都是它主要的競爭對手。

通用電氣不像多數大公司那樣，以一業為主，且競爭對手也主要限於同行業內。因此，它的領導人所感受到的競爭和危機意識的壓力也就特別明顯。據估計，20 世紀 80 年代初，通用電氣公司 75%的產品已面臨海外的競爭——來自日本或其它美國公司的海外子公司。

面對這樣嚴峻的國際競爭形勢，傑克．威爾許一上任便指出：應該把通用電氣公司放在「全球性經濟環境」中以思考其未來，要為進入下一個世紀做準備。這裏，所謂「全球性經濟環境」的一個重要部分指的就是以日本企業為主的競爭。用威爾許的話說就是：「2000 年後，能否與國外公司競爭，是我們從現在起，每一天都必須考慮的問題。」

他認為，在這個越來越小的世界，勝者和敗者的界線日趨分明，沒有「還過得去」的企業立足之地。一家企業，必須經常不斷地更新自己，擺脫過去，迎向挑戰。他深信世界始終處於不斷變化之中，經濟中的變化更是隨處可見，各種新技術風起雲湧，新產品層出不窮：人們永遠無法預料什麼時候，從矽谷的哪個實驗室中又會出現自己的下一個競爭對手。今天的市場變得比以往任何時候都更飄忽不定，企業家的生涯中危機四伏。

威爾許如此強調競爭環境的變化，言下之意非常清楚：世界的變化太快了，通用電氣的領導者必須面對這種變化的事實，不能沈醉於以往光榮的歷史中。不然的話，競爭會使公司被打垮。

早在 20 世紀初期，通用電氣就積極向外擴張，是進入歐洲市場的首批美國企業之一。它設立和收買了一些生產電動機、發電機和無線電機械的公司，在德國、英國和法國建立了它的第一批分支機構。然後它又滲透到荷蘭、比利時、義大利、瑞士、瑞典和西班牙。

二次大戰後，通用電氣對亞洲經濟擴張的主要對象是日本。它在日本直接投資所取得的利潤比其它發達資本主義國家高。這主要是由於較低的生產費用、廣泛運用專利權和技術援助所優惠的徵稅法。通用電氣還利用在日本的分支機構，向東南亞和遠東各國的市場推進。在日本的東芝公司、橫濱電氣公司等集團中，它均持有很大的股份。

此外，通用電氣在遠東和中東各國的機電和電子設備市場的影響力也在不斷擴大。

它在拉丁美洲的陣地一直很大。在巴西、阿根廷、委內瑞拉、墨西哥、哥倫比亞、烏拉圭均設立了子公司，在其它拉丁美洲國家均有廣泛的銷售企業和修理企業網。

但是，直到威爾許上任之前，通用電氣在國外的勢力仍然非常有限。他的前任瓊斯一直想加強通用電氣在國外的地位。特別是在購買猶他國際公司之前，通用電氣眾多產品在許多國際市場上所占的比率均未超過 5%，公司裏一些主管仍只顧及國內市場，而從來不注意主動去發現全球各地的貿易機會。

為此，瓊斯曾調整過國內部和國際部人事，以期公司人員拋棄偏狹的觀念。當他看到可以併購的猶他國際公司的產品主要係全球銷售時，立即體會出一種使通用電氣成為「全球性公司」的新方案。

然而，事後的情況表明，通用電氣並沒有因此在全球化方面邁出實質性的步伐。它在所有工業化國家銷售產品並提供服務，從噴氣式飛機發動機到信用卡，無所不及，並同日立、西門子等公司進行激烈的競爭。但是，它從來都不是一家真正意義上的全球性公司，只是一家在世界各地開展業務的美國公司，而且其業務活動主要在歐洲和日本。

通用電氣在 80 年代上半期側重於產業結構調整，並以買下美國無線電公司為標誌，意味著這種調整的基本結束。但這種行動還只是把通用電氣的產品結構調整到以高科技和服務領域為主。到 1986 年，公司已有 70％的盈餘來自高科技和服務領域，比威爾許接任董事長時增長了 20 個百分點。其中，服務業盈餘在公司總盈餘中所占的比率已由 1981 年的 10％上升到 1986 年的 29％。至此，可以說通用電氣已算是徹底換了面貌，不再是一家傳統的電器產品製造商。

但這一切並不意味著通用電氣公司已經完成了脫胎換骨的計畫。現在，重要的問題是，如何使它們在世界市場穩穩地佔據「數一數二」的地位。

這是一個全球統一的時代，而不是全球分解的時代。這個新時代的特徵是：市場的全球一體化，相互依賴，全球性的競爭。針對這種趨勢，通用電氣的領導者在 80 年代後期把重點轉向國際市場，試圖通過「全球化」行動，加強重點產業。以通用電氣主管國際經營的副總裁弗里斯科的話說就是：「僅在國內發展，並無利益可言。」

威爾許認為，經營環境正迅速改變，全球化不只是目標，更是必須馬上採取的行動，因為市場開發已經使得地理上的疆界變得模糊，甚至無關緊要。公司與公司之間的聯合，不管是合資、成立新公司或是併購，都將是競爭或策略的產物，而不像過去，是出於調整財務結構的需要。

威爾許立志要將通用電氣變成一個完整且名副其實的國際性強大企業王國，並將其調整的目標鎖定在全球範圍內的市場。

依據西方經濟學家的看法，公司的國際化發展是一個漫長的過程。這個過程可分為三個階段，即出口階段、國外生產階段、跨國企業階段。

以這種標準來看，瓊斯時代的通用電氣公司基本上仍處於「國外生產階段」。而一個成功的全球化戰略必須做的事遠不止於簡單地出口產品。一家公司如果始終著意進行有意義的全球化嘗試，就必須首先學會在當地市場競爭並獲勝。

全球化的通用電氣

傑克．威爾許從來就不是一個按部就班的人。他不想躺在通用電氣公司這家百年老店的安樂椅上享清福。所以，當他看到全球化不僅已是未來發展的大趨勢，也將給通用電氣帶來新的機會之際，馬上躍躍欲試。他絲毫也不擔心和懼怕為此而需要做出的變革和改造。

有趣的是，他並不是一夜之間就做下加快通用電氣全球化步伐的決定。

早在 20 世紀 60 年代，當威爾許還只是通用電氣塑膠材料事業部總經理的時候，他就瞭解到全球化經營的本質所在：「塑膠材料最終成為一塊真正的全球化業務。29 歲那年，我在荷蘭買了一塊地，建造了生產塑膠材料的工廠，在這塊『我的土地』上經營起『我的業務』。我從來不對什麼全球化的通用電氣感興趣，我關心的只是我的全球化塑膠材料業務……那種組織全球化的觀點毫無意義。業務的全球化才是關鍵！」意思是說，這時候，他認為全球化公司並不存在，因為公司無法全球化，只有公司的業務可以全球化。

1980 年，也就是威爾許成為通用電氣首席執行長的前一年，通用電氣僅有兩家戰略性事業部——塑膠和飛機發動機，真正實現了全球化。通用資本服務公司過去只在美國進行過資產投資。其它業務或多或少有全球性銷售業務，其中兩項業務——飛機發動機和動力系統——規模較大。但是，這些部門的「全球化」基本上都屬於出口業務，相關設施無一例外，都在美國。

按照威爾許在《自傳》中所提出的觀點，通用電氣本就是一家全球性貿易公司。因為早在 19 世紀後期，托馬斯．愛迪生就在倫敦的霍爾邦高加橋安裝了電力照明系統，規模達 3000 顆燈泡。世紀之交，通用電氣又在日本建造了最大的發電廠。通用電氣早期的一些 CEO 必須花一兩個月時間，乘船去查看公司在歐洲和亞洲的業務。

然而，80 年代初期，對於絕大多數公司領導者來說，「全球化」經營還只是個標新立異的名詞而已。當時，通用電氣的年收益，80% 以上來自美國的國內市場。大多數企業領導認為，海外市場的運作過於複雜，風險太大。僅是「簡單」的國內市場，就已經夠讓人頭痛的了，何必多此一舉？

而且，多年來，他們都致力於國內市場的運作，已經輕車熟路了，現在各方面都好好的，有什麼理由改變呢？

當時，威爾許雖然早就意識到美國大公司再也不能依賴身邊這個世紀上最大的市場而生存了，並且一上任就呼籲把通用電氣公司的未來「放在全球性競爭環境之中考慮」。

但實際上，通用電氣在 80 年代前期，並沒有把工作的重點放在全球化方面。不僅如此，威爾許還解散了一個獨立的國際部，並明確要求各企業的 CEO 負責自己的國際業務。他覺得那個國際部有點像記分員和幫手。他屢次在講話中明確表示：各個事業部的 CEO 都要負責他們自己的業務全球化工作。

時任通用電氣董事會副主席的保羅．弗雷斯科表示，通用電氣其實一直都在考慮全球化戰略。但是，它首先得完成「調整、出售或關閉」的業務整合，才有精力去考慮公司的全球化戰略。「如果你在國內市場尚未打好堅實的基礎，就很難一下子投入全球市場。」弗雷斯科說：「但是，一旦時機成熟，我們將毫不猶豫地走向國際舞臺。」

為了加快推動通用電氣的全球化進程，威爾許任命弗雷斯科擔任通用電氣國際業務高級副總裁，總部設在倫敦，地位與所有的業務領導相同——只是，他沒有具體的經營職責。他就代表通用電氣的國際業務。

他個子很高，相貌英俊，文質彬彬，有一副迷人的模樣，是全世界都熟知的人物。他是個律師，義大利後裔。1962 年加入通用電氣，一直負責過去的國際部。他不僅先後當過歐洲、中東和非洲的副總裁，更是公司裏最好的談判專家。

弗雷斯科成了通用電氣最受歡迎的「全球化先生」，是公司全球化活動最積極的實施者。他每天早晨一起床，就思考著如何讓公司在美國之外發展壯大。在每一次會議上，他總是慫恿他的同事進行全球化的擴張計畫。有時候，為了說服同事接受他有關全球化的觀點，他甚至顯得非常絮叨。他總是纏著各個業務部的 CEO，要瞭解他們國際業務的細節，總是催促員工去做更多的交易，以使通用真正走向全球。

在全球化的進程中，威爾許將歐洲放在首要位置。從 20 世紀 80 年代末起，通用電氣在歐洲投資了近 100 億美元，其中一半用於收購。

威爾許的全球化革命始於 1987 年夏。當時他在半個小時內就與法國最大的電器公司——湯姆遜公司總裁阿蘭．戈梅斯敲定了一筆交易。通用電氣以其電視機事業部交換湯姆遜的一家專營醫用成像設備的公司 CGR。這樁交易標誌著通用電氣進入歐洲市場和其全球化計畫的開始。

此後，通用電氣迅速向其它海外市場擴張，先後與德國的一家工業發動機公司博世公司和日本一家電氣設備公司東芝公司建立了合資企業。

說到通用電氣公司的全球化業務何時有所突破，那應該是在 1989 年。當時，英國通用電氣有限公司（與美國通用電氣名稱完全一樣，卻沒有任何關聯。2000 年，英國通用電氣公司改名馬可尼，美國通用電氣才擁有了「通用」這個名字的所有權利）正面臨惡意兼併，於是威爾許主動示援。

雙方經過反覆磋商，最終於 1989 年 4 月建立了一系列合資企業。通用電氣併購了英國通用電氣的醫藥系統、電器、動力系統和配電業務。這個協定使通用電氣擁有了一家很好的工業企業，在動力領域立了足，從而進入歐洲燃氣渦輪機業務。

直到 1990 年，通用照明事業部還幾乎完全是一家美國本土企業，僅在歐洲市場佔有不到 2% 的市場份額。威爾許非常希望將通用電氣旗下的事業全球化，這包括照明事業。通用電氣是世界上第二大照明設備生產者（僅次於飛利浦），1989 年的營業額為 23 億元。但它在歐洲僅排名第六，只占歐洲燈泡市場的 3%。因而，當威爾許知道匈牙利的通斯拉姆照明公司有意出讓時，他仔細做了研究，並對他所發現的結果表示滿意。

通斯拉姆公司創立於 1896 年，是世界上歷史悠久的照明公司之一，僅次於創立於 1878 年的通用電氣，及創立於 1898 年的飛利浦。通斯拉姆公司的出口競爭力極強，每年 3 億美元的營收中，70% 來自外銷西方國家的所得。它在西歐的市場佔有率達令人羨慕的 7%，就連寶馬（BMW）的部分車型也使用它製造的大燈。通斯拉姆以 1989 年 2000 萬美元的盈餘展現它厚實的體質。

對威爾許而言，併購通斯拉姆完全符合他創新經營策略上的需要：通斯拉姆會使通用電氣在歐洲市場成為最強勁的競爭者，不但有製造基地，也有行銷通路。甚至，併購還可使通用電氣向世界照明事業的領導者又邁進一大步。

這是多麼誘人的組合呀！在西歐獲取市場佔有率，卻只要支付東歐國家的薪資水準。在柏林圍牆倒塌後一個星期，也就是 1989 年 11 月，通用電氣馬上宣布，計劃以 1.5 億美元購買匈牙利通斯拉姆公司 51% 的股權，剩餘部分到 5 年之後購買。這在當時可說是一則爆炸性的大新聞，也是西方公司在東歐最大的一筆單項投資。

儘管通斯拉姆需要整頓的地方很多，但威爾許認為它的潛力雄厚。通斯拉姆的生產線品質管理做得不好，因而生產的燈泡每 4 個中便有一個會在中途破損。辦公室的設備非常簡陋，生產記錄人員仍用鉛筆記賬。有的情況看了，連威爾許都大感吃驚：由於匈牙利當時幾乎還沒有開支票的習慣，公司每個月發薪餉時，都要召集 150 名人員，將 1.7 萬名員工的薪水裝入薪水袋！

即使如此，威爾許仍然深信通斯拉姆頗具潛力。自1906年起，它開始生產傳統性技術水平較低的鎢絲燈泡；目前約有50%的營業收入來自這些價格低廉的產品。到了20世紀80年代，技術水平高並且節省能源的燈泡愈來愈受歡迎——家庭及辦公室使用的高密度螢光燈、街道照明的高壓離子燈泡和珠寶及古董商店展示商品所使用的迷你聚光燈泡等。

為了將通斯拉姆盡快建成通用電氣在歐洲最大的生產基地，威爾許決定每年投資150萬美元，幾乎相當於通斯拉姆在20世紀80年代總投資額的3倍，加強高科技產品的研究、生產和銷售，加快整個通用電氣全球化的進程。

自從托馬斯·愛迪生發明電燈泡以來，照明幾乎完全成了美國人的生意。通斯拉姆交易及通用電氣在1991年收購了英國索恩照明的大股東權益，使得通用電氣成為世界上最大的電燈泡製造商，在西歐的市場份額超過15%。

然而，並非所有的交易都是好消息。1988年，通用電氣聽說荷蘭飛利浦公司有意出售它的電器業務。於是，威爾許和他的搭擋、副董事長保羅·弗雷斯科立即飛往荷蘭的艾恩德霍芬與飛利浦公司的CEO舉行會談。如果此項交易成功，通用電氣在歐洲的電器市場就可擁有無以倫比的強大地位。

在一次工作晚餐上，飛利浦公司的CEO透露，他更喜歡半導體和電子消費品業務，因此打算賣掉電器業務。另外，醫藥業務也在考慮之中。

那天的會談之後，他們開始談判飛利浦的電器業務。那個CEO安排他的總裁與弗雷斯科談判。經過幾個星期的努力，他們就價格問題基本達成了一致。威爾許原本認為可以成交了。誰知，令人震驚的變故發生了。

就在他們握完手的第二天，飛利浦公司的那位總裁突然說：「對不起，保羅！我們打算和惠而浦合作。」

威爾許立即打電話給他，交涉此項事務。最終，對方同意在一個星期內解決問題。

當時，弗雷斯科立即中斷在義大利的休假，飛往荷蘭。他用了一整天時間就新交易與飛利浦展開談判，同意為飛利浦的電器業務支付更多的資金。第二天，所有細節問題都已完成，只剩簽字生效了。孰料，變故再次降臨。

下午5點左右，還是那位總裁，親臨弗雷斯科下榻的賓館，扔出了第二顆炸彈：「我很抱歉，我們要跟惠而浦合作。他們又回來了，報的價比你們高。」

弗雷斯科簡直不敢相信自己的耳朵。當他在半夜時分給威爾許打電話時，威爾許的憤怒可想而知。在最新的自傳中，威爾許寫道：「我被震怒了！飛利浦在一項交易上動搖一次已經夠糟糕的了，第二次談判是我在高層商務交易中所從來沒有見過的。所幸，在我擔任CEO的20年時間裏，經手了成千上萬次兼併、合夥和交易，這種事很少發生，像艾恩德霍芬那次公然背信棄義的情況也就那麼一次。」

在通用電氣公司的全球化戰略中另一家值得一提的企業是通用資本服務公司。這家公司從1990年初就開始了全球化的擴張活動。它的重點放在歐洲，收購的是保險和金融公司。自從1994年加里．溫特聘用了倫敦的克里斯托弗．麥肯齊以後，業務活動開始大量上升。在加里的大力支持下，克里斯托弗開展了在歐洲大舉擴張的業務活動。

1990年末，加里在日本也領導了類似的工作。

1999年1月，通用資本服務公司收購了日本租賃公司的租賃業務部門和子公司日本汽車租賃，數額大約8000億～

9000 億日元。這是繼 1997 年 1 月收購光榮信用卡公司、4 月與東邦人壽設立合資公司、11 月收購雷克的業務之後，通用資本服務公司進軍日本金融市場戰略的又一步驟，其收購規模是當時日本最大的。

通用資本服務公司被稱作世界上最大的非銀行金融機構，而它只不過是通用電氣多元化經營的 11 項業務中的一項。不過，通用資本服務公司對通用電氣的貢獻卻是年年提高。20 世紀 90 年代以來，銷售額由原先只占通用電氣的 25% 左右，猛升到 40％。

通用資本服務公司的成長，其基本戰略與其它業務相同，也是收購戰略。在過去 10 年內，它在全世界收購的企業超過了 300 家，其中一半以上的業務是通過收購以實現擴張。

僅從 1998 年來看，通用電氣就收購了捷克的金融機構阿格羅銀行、波蘭的波美抵押銀行，穩固了在中歐的基礎。此外，還收購了德國移動通信設施的相關業務、瑞士的信用卡業務。通用有軌機動車公司還收購了英國的國際貨車公司，規模倍增。同年，通用資本服務公司的收購總額達到 171 億美元，相當於其它 10 項業務的 17 倍。即便是回顧過去的 4 年，通用電氣在歐洲也有 80 次以上的收購。

通用電氣金融事業部前首席執行長加里・溫特這樣評價威爾許所設定的全球化戰略：「80 年代末期，傑克・威爾許前瞻性地看出了全球市場的新變化。那種試圖把通用電氣的產品銷售到全球市場的做法即將被淘汰，取而代之的將是通用電氣的業務在全球範圍內擴張——其實，這正是為了把產品更順暢地推廣到全世界的每個角落。直到此時，人們才真正看清楚了全球化的真正內涵。」

人才全球化的戰略

通用電氣在威爾許的領導下，之所以能夠成功地實現全球化，不僅因為他進行了更多的收購，還因為他所推行的人才全球化，即對美國以外的人力資本進行了大量投資。

全球化的創意跟其它創意一樣，由播下種子到繁榮昌盛，最後長成一座花園。一開始，威爾許主要是從市場的角度考慮全球化問題，後來轉為尋求產品和部件，最後又發展到挖掘各國知識資本的階段。

在開展全球化工作的初期，他不得不使用駐外的美國人。這些人對於起步時期獲得成功至關重要。

1990 年初，威爾許將最好的人才投入全球化工作，通過收購和建立聯盟關係，繼續推動全球化發展。

1991 年年底，他主要採取了兩個重要的步驟：任命吉姆·麥克納尼為通用電氣亞洲總裁。吉姆到不是去經營任何企業，而是去促進該地區的發展，向企業領導人展示該地區的業務發展潛力。他的全部工作就是尋找交易的機會，建立商務關係。

吉姆是個說服力很強的人，具有非凡的影響力。威爾許正是看重了他的這一長處。

在吉姆擔任通用電氣亞洲總裁 8 個月之後，威爾許又將負責動力發電企業銷售和市場營銷工作的德爾·威廉森派到香港，負責全球的銷售工作。

在當時的情況下，將銷售中心轉移到香港是合乎邏輯的，因為在美國，已經沒有人買發電廠了，商業機會在亞洲。而從心理上說，看到像德爾這樣的總部領導在「遠離故鄉」的地方從事高層經營管理的工作，這對於促進通用電氣公司全球化進程的意義也極為巨大。

作為通用電氣公司全球化戰略的一部分，威爾許還提拔了一批當地人才擔任高級管理人員。因為雇用並提拔當地人才而不是派遣美國的管理人員，這是通用電氣在亞洲和其它地區加速公司人才全球化的主要戰略之一。

1997 年 9 月，威爾許任命出生於瑞典的馬姆為通用亞太公司的總裁和通用電氣高級副總裁。他還任命出生於日本的藤森良明為通用亞太公司的副總裁。同一周，又任命出生於古巴的里卡多．阿蒂加斯為通用電力系統事業部及服務公司的副總裁；任命生於西班牙的喬塔姆．埃格特為通用電力控制事業部的總裁兼首席執行長，接替阿蒂加斯。對此，威爾許解釋說：「我們不只想把你的隔壁鄰居和走下會場的人送到國外，還想雇用能勝任工作的當地人。我們在那裏已有多年，現在我們已經得到了人才。讓我們給他們一次機會，給他們與我們給這裏人的同樣機會。」

威爾許認為，印度在軟體發展、設計工作和基礎研究方面擁有大量科技人才。通用電氣 2000 年在印度設立了一個 3000 萬美元的中央研發中心，現在已經進入第二階段，預計 2002 年完工。屆時，它將是通用電氣在全世界最大的多領域研究設施，最終將雇用 3000 名工程師和科學家。

印度擁有大量受過高等教育，可以很稱職地承擔許多不同工作的人。通用資本服務公司將它的客戶服務中心搬到了新德里，取得了轟動性的效果。比較在美國和歐洲的運作，通用電氣在印度的全球客戶服務中心質量更好，費用更低，資料獲取率更高，更容易為客戶所接受。威爾許接受了管理大師彼得．杜拉克的建議，將通用電氣從美國「後院」搬到了印度「前廳」。

通用電氣在印度聘請到的從事客戶服務和資料獲取工作的人才，在美國是不可能吸引過來的。因為在美國，客戶呼叫中心的人才流動性很大。而在印度，這些是人人垂青的工作。最初，有些人曾擔心全球化會傷害發展中國家和這些國家的人民。但威爾許不這麼認為。他說：「當你看見那些因為獲得這些工作機會，生活水平明顯提高而兩眼發亮的人時，全球化給人的感覺從來沒有那麼好過。」

為了加速人才全球化，威爾許採取強制性措施，大量減少美國「駐外人員」，以加快全球化發展的步伐。通過檢查每個月各企業減少駐外人員的情況，通用電氣獲得了兩大好處：首先，迫使它必須更快地提拔更多的當地人到關鍵崗位上；第二，推行這項政策的第一年，它的費用就減少了 2 億美元。通用電氣算過一筆帳，如果派遣某個美國人到日本工作，付出的工資是 15 萬美元，公司的總支出將超過 50 萬美元。所以，威爾許經常提醒通用電氣各業務部門的領導者：「你是願意用三、四個聰明能幹又熟悉當地情況和語言的東京大學畢業生，還是找你在公司裏的一個朋友？」

可以說，在威爾許推行全球化的過程中，人才全球化一直是最艱巨的任務，因為通用電氣的每項新業務都要經歷「通用電氣的文化洗禮」。正如西班牙的通用塑膠廠一位主管所說，通用電氣「更多的是培養文化，而不是建立工廠。」威爾許則說：「任何全球化擴張都充滿風險和文化衝突。德國人允許行賄；法國不僅允許行賄，還可免稅。因此，你必須十分警惕，經受鍛鍊。但在美國本土，這是不允許的。顯然，風險越大，機會越多。我想，這就是區別之所在。」

90 年代後期，通用電氣的全球化取得了顯著的成效——

飛行器發動機事業部：通用電氣公司是全球最大的大型及小型商用 / 軍用噴氣式發動機製造商。其產品包括 GE90——人類歷史上最大的噴氣式發動機。它被波音公司指定為其最新的波音 777 式飛機的雙噴氣式發動機。早在

1995 年，通用電氣及其合資公司——CFM 國際公司，便已將全球大型商用噴氣式發動機的半數訂單納入囊中。

家用電器事業部：通用電氣成功地打入全球成長最快的幾個主要市場，包括印度、中國、亞洲其它國家、墨西哥，以及南美洲各國等。

金融服務事業部：通用電氣的金融服務快速地擴張了其全球化業務，並將重點放在亞洲和歐洲。

照明事業部：在消費性照明市場、商用照明市場及工業照明市場上，通用電氣的產品一直保持著傳統的優勢。其產品線完整而豐富，包括白熾燈、螢光燈、石英燈、高密度燈、鎢鹵合金燈及節日慶典裝飾用燈等等。其全球化的經營模式不僅包括在中國、印度、東南亞及日本的合資企業，還包括其在英國、德國、義大利及匈牙利所收購的眾多相關企業。

醫療儀器事業都：通用電氣醫療儀器部門的各項運作遍布美國、歐洲及亞洲，包括銷售、服務、工程及製造等等。

NBC：NBC 對歐洲及亞洲的多個娛樂頻道與新聞頻道進行了投資和參與。其中，對亞特蘭大奧運會的廣泛報導，使它的國際名氣和影響更上一層樓。

電力系統事業部：通用電氣的電力設備成功地推廣到全球 119 個國家。

威爾許在 1999 年的年度報告中寫道：「通用電氣的全球化戰略已經從出口驅動演化到新的階段，即建立全球性的生產基地，服務於當地的消費及產品、服務的全球性採購等。」

2000 年，通用電氣進入其雄心勃勃的全球化戰略最後階段，即利用來自全球各地的知識資源，從布拉格的冶金專家，到亞洲的軟體高手，直到布達佩斯或蒙特利爾、東京、巴黎等任何地方的產品設計專家等等。

威爾許對通用電氣的全球化戰略做了補充，那就是營運的本地化戰略。截至 2000 年底，通用電氣美國本土的管理人員到海外的事業部門就任主管領導的情況已越來越少。一大批接受了通用電氣，或者說接受了威爾許創新經營理念和價值觀的本地管理者接掌了這些重要的位置。

「我們的目標是『全球化選擇雇員』。為此，我們致力於為本地的領導人創造廣闊的就業機會，以確保我們目標的實現。這種新的嘗試將帶領我們實現我們最遠大的夢想——一個真正全球化的通用電氣。」

全球化在中國

1990 年之前，通用電氣公司的投資重點主要放在歐洲和日本等發達國家與地區。為什麼呢？保羅・弗雷斯科認為，歐洲市場和日本市場給通用電氣的成長提供了最多的空間，因為這兩個市場的經濟增長非常可觀。當通用電氣開始對進入東南亞、中國、印度及其它一些亞洲國家表達出強烈的興趣時，這些國家的市場還相對小了很多，它無疑面臨著嚴峻的挑戰。以進入印度和中國為例，通用電氣實際上顧慮重重。

1997 年，弗雷斯科在談話中如是說：「現在，我們都十分看好印度這個國家。但是，我們必須坦率地說，印度的經濟在最近幾年出現了明顯的下滑。國家的官僚主義使得印度人民的生活非常艱難。所以，我們必須現實些，用更長期的眼光看待印度明天的發展。最終我們必須採取慢一些的相應策略。

「至於中國，它首先必須瞭解，自己究竟如何在市場經濟下生存。在對待中國的問題上，我們必須加倍小心。甚至從長遠來看，我們也必須小心翼翼。所以說，從策略上講，我本人並不看好目前在中國進行任何大型投資的做法。但是，我非常贊同，我們應該堅決地實施進入戰略，然後耐心等待。一旦時機成熟，我們便能夠迅速地佔領市場。」

也就是說，通用電氣還有顧慮，還想再看看，再等等。但是，市場飛速的變化，已經不容許傑克．威爾許再慢慢地等下去了。

20 世紀 80 年代後期到 90 年代初期，歐洲、北美和日本等國家和地區相繼陷入持久的經濟蕭條與衰退，使這些地方的投資機會與效益驟減。與之相比，東南亞和中國的經濟則迅速增長，成為全世界關注的中心。對這種地區經濟發展的變化，通用電氣公司自然不會忽視。

在一次訪問中國的行程中，從廣東的一家飯店，威爾許望著遠處建築工地上高高聳立的無數起重機，毅然決然地做出一項重大決定：把通用電氣的全球化「重心」從發達國家移向亞洲和拉丁美洲。

在威爾許等高級領導人看來，通用電氣雄心勃勃地開拓印度、中國和墨西哥市場的計畫已經不是一個做什麼樣選擇的問題，而是如何開拓的問題，因為通用電氣的未來完全寄託在這些國家的市場上。

威爾許知道亞洲是對通用電氣的巨大挑戰。有警告說，中國可能是通用電氣最難以駕馭的市場。但威爾許沒有因此動搖：「有人說，進入中國市場風險太大。但我們有別的選擇嗎？置身它處？雖然我們在中國可能失敗，但我們只能全心投入，與本地睿智的民眾一起，加入這一巨大的市場。我們的確不瞭解中國。每次離開中國，我都知道我所知甚少。」

通用電氣副總裁保羅．弗雷斯科認為歐洲和日本為通用電氣提供了最大的機會，因為其經濟在絕對量上是最大的。然而通用電氣對打入東南亞、中國、印度和亞洲其它地區興趣甚濃，因為這些市場較大，並且更具挑戰性。

由於美國國內航空公司一蹶不振，定單數量驟減，通用電氣飛機發動機部的業務受到很大的影響。但在 1993 年夏天，這部門卻從中國的地方航空公司接到總價值高達 4.25 億美元的兩筆定單。部門領導人從而樂觀地預測：「10 年後，中國將成為我們最大的市場。」

想要知道威爾許等通用電氣的高級領導人為什麼如此看好中國市場的原因並不困難。為了盡快開拓中國市場，通用電氣的戰略分析家曾專門對中國做了認真而全面的分析。他們認為：

「中國有 12 億人口，國內生產總值增長率為 10～15%；中國有勤勞工作的文化背景，通過現在的華僑商人網絡，有向東南亞出口的基本結構；臺灣、香港和中國最發達地區正緊密聯繫，是個驚人的特大市場；1989 至 1993 年，通用電氣對中國和香港地區的出口，每年的增長超過 20%。」

更具體地說，以飛機發動機為例。通用電氣在辛辛那提的龐大飛機發動機廠正在大裁員，從 1990 年之前的 1.7 萬名減至 1994 年初的 8000 人。但在中國則顯現出截然不同的景象：通用電氣飛機發動機部的管理人員正盡最大的努力與普拉特．惠特尼公司及羅爾斯．羅伊斯公司進行激烈的競爭，以求在這個世界最熱門的航空市場獲得定單。因為他們瞭解到，中國航空公司計劃在一年內購買 100 具用於寬體客機的發動機，「中國正成為一個具有戰略意義的商家必爭之地。」

為了促進在中國業務的大發展，通用電氣正調兵遣將。1996 年，它在北京有 63 位職員，是 1991 年的 3 倍，並在中國 10 個主要大城市都進駐工程技術人員。通用電氣在中國銷售飛機發動機已經有 14 年的歷史，但直到 1995 才把中國放在優先考慮的位置。

從 1992 年初開始，通用電氣從中國航空公司獲得了價值 5 億美元的發動機定單。中國的飛機發動機市場同世界市場的競爭情況基本相同：通用電氣占中國市場全部定貨合同的 1/3，普拉特公司也占了 1/3 的份額，羅伊斯和其它公司則遠遠落在後面。

中國航空公司使用和訂購了 46 具通用電氣生產的發動機及 20 具由通用電氣與法國 SNECMA 公司的合資企業製造的發動機。中國的大多數航空公司都訂購了新型的波音 737 客機，這種飛機使用的是 GE・SNECMA 合資公司製造的 CFM56 型發動機。

對其它型號的波音飛機，航空公司可以選擇各個廠家配套的發動機。通用電氣以大幅度的折扣價格贏得了無可競爭的優勢。1993 年 3 月，中國南方航空公司訂購了新型的 GE90 發動機，作為其新訂購的波音 777 飛機的發動機系統。這種發動機是通用電氣耗資 15 億美元研發出來的。就在同南方航空公司的定貨合同剛剛簽訂之後，通用電氣又同設在西安的西北航空公司簽訂了一筆價值 2.25 億美元的定貨合同。西北航空公司此舉是為其採購的 6 ～ 10 架 A300「空中巴士」提供動力系統。

90 年代末期，雖然中國經濟緊縮，但是，由於通用電氣利用自有資金推動合作夥伴開展業務，它的市場基本上沒有受到不利的影響。相反，通用電氣還從位於北方城市西安的一家工廠購買了數萬美元的零部件，並把這些零部件運回美國，安裝在船舶和工業發動機上。它的金融機構——通用電氣資本服務公司將幫助中國航空公司解決信貸緊張的困難，向它租用裝設了通用電氣公司製造之發動機的新型噴氣式飛機。因此，在歐洲和日本的市場清冷蕭條的情況下，通用電氣卻依靠中國市場，保持其飛機發動機業務的高速增長。

當然，通用電氣在中國開展的業務並不僅限於飛機發動機，它的幾個主要部門基本上都活躍於中國市場，至今已成立名為通用電氣（中國）有限公司的獨資公司和 3 家生產企業，總投資為 1.2 億美元。通用電氣航衛醫療設備系統公司是中國第一家從事開發和銷售醫療器械的合資企業，向全中國各地醫院提供了上千台 CT 掃描器和核磁共振儀，1992 年的銷售收入達到 5000 萬美元。通用電氣 1995 年在上海建立生產全套照明產品的合資企業；通用電氣塑膠部正在廣東獨資興建一家工程塑料生產廠。另外，通用電氣的金融服務部已通過飛機和集裝箱租賃業務，向中國投資了 10 多億美元。

創新經營實戰之二：
把服務業視作新的增長點

社會和經濟格局的急劇變化進一步強化了人們在這一方面的認識：市場全球化速度正在加快，競爭日趨激烈，技術突破已在醞釀之中。我們正面臨世界範圍內的經濟蕭條，顧客比以前更加見多識廣；特別是買方市場的出現，使顧客變得更為挑剔。

在擁擠的市場中，競爭優勢越來越多地產生於供應產品者所給予的「附加服務」。因此，要酷愛服務，強調顧客所要求的服務；要把每一位顧客當作是你潛在的終身主顧；要始終重視與顧客的長期關係；要特別注意產品或服務所產生的無形價值——優質服務，報償多多！

傑克・威爾許以他 20 年經營通用電氣（奇異）的切身體會，告訴每一位期望獲得成功的企業家，一定要記住這樣一句話：「一般顧客既不是無賴，更不是白癡。注意：服務遠不僅繫於微笑——最重要的是態度和支持系統。」

滿足和超過顧客的需要。

20 世紀 90 年代末期，隨著新世紀腳步的日益臨近，大多數西方經濟學家也逐步得出關於新經濟的新理念。他們一致認為，儘管製造業仍將繼續佔有舉足輕重的作用，但是，服務型經濟模式的興起必將從根本上改變經濟的本質。

今天，大多數企業領導者都已認識到，想在 21 世紀取得成功，服務就是企業的生命。最近幾十年，企業領導者愈來愈將提供最好的服務看作參與競爭的首要條件。「滿足和超過顧客的需要」，現已成為大多數企業廣為流行的一句口頭禪。

幾十年來，通用電氣的發展儘管始終沒有離開產品的生產與製造業這個主線，而且它一直被視為全世界最好的製造商之一，但它也一直在從事服務業。只是，服務業並非它所強調的重點。因為不是重點，造成的結果是這項業務相對於核心製造業而言，成為次要的。

但沒過多久，威爾許以及通用電氣的執行長們就逐漸意識到，通用電氣的製造業很難帶動公司進一步發展下去。因為像噴氣發動機這種大額商品的市場是十分有限的，而家電等小額商品又不可避免地受到來自亞洲的激烈衝擊。

在他們看來，製造業務的收入所占份額的不斷下降，原因並不是公司的生產與製造出了問題，而是服務業務的增長潛力實在是大得驚人。

一方面，全球每年對蒸汽發動機或飛行器發動機的需求增長不大。而另一方面，服務業卻具有製造業所無法比擬的優勢：服務業的利潤率一般都在 50%以上，遠遠高於製造業產品。

威爾許在產品服務領域所看到的這一切都很容易理解。服務業的確具有巨大的收入潛力，不僅增長速度遠遠超過製造業，而且有非常誘人的利潤率，比產品領域高出 50%。因此，他決定帶領通用電氣向服務業轉變，並一語道破天機：「我們涉足服務業，不外乎想多分一杯羹。」

1994 年，通用電氣公司制訂了建立服務機構的戰略規劃。到了 1995 年，第一個獨立的服務機構已經正式成立。通用資本服務公司的飛速增長及 NBC 電視網的併入，使通用電氣正逐步由一家純粹的製造公司轉變為更多樣化的公司，而其中的服務成分還在不斷增長。請看下面一組資料：

1995 年，通用電氣最具增長力的資本服務公司實現了增長 17% 的目標，而飛機發動機事業部僅增長 5%，電器事業部也只增長了 7%。塑膠事業部從 1995 到 1996 年的收入雖然幅度不大，實際卻是在下降。從 1995 至 1996 年，通用電氣的淨利潤增長了 7.07 億美元，其中資本服務公司就占了 57%，計 4.02 億美元。從 1992 年始，它的年利增長平均達到令人矚目的 18%。

1997 年，威爾許動員整個公司的力量提供更為全面的附加值服務。記者問他，為何經過如此長的時間才發起這場運動。他坦率地回答：「如果傑克．威爾許在 17 年前就懂得他到今天才懂得的道理，那麼通用電氣可能會成為一家更好的公司。它是一個不斷學習的組織，我每天都在學習，不斷探索。我不想不懂裝懂。我們這兒的人都在盡力學習。」

隨著結構的根本性調整，通用電氣最為耀眼的服務業明星隨之產生，它就是推動通用電氣服務業飛速發展的通用電氣金融服務公司。1999 年，它為通用電氣創造了 557 億美元的年收入，幾乎占通用電氣當年總收入 1116 億美元的一半。

當然，促成通用電氣由一家製造型公司轉向服務型企業的是「隱藏」在其背後的強大的「有形資產」——即已售出並安裝在用的設備「庫」，包括 9000 具通用商用噴氣式發動機、1 萬台渦輪機、1.3 萬輛機車和 8.4 萬件醫用診斷設備主要部件等等。

截至 1996 年 10 月，通用電氣商用設備的售後服務收入已高達 78 億美元，占當年總收入的 11%。兩年後，1998 年，上升到 120 多億美元。

非常有趣的是，90 年代初期，通用電氣服務業的年收入還只占總收入的 45%（請注意，我們這裏雖然用了「只占」這一詞，但事實上，與此前的十年相比，服務業已取得了 300% 的增長）。僅僅 5 年後，也就是 1995 年，通用電氣製造業的收入比重再次發生翻天覆地的變化：從 5 年前的 55% 下降到 40%。與之形成鮮明對比的金融服務業從 5 年前的 25% 飛躍到 1995 年的 38%；零配件維修業務的比重則穩定地保持在 12.3% 的水平。此外，廣播業的比重也占到了 6%。

2000 年，通用電氣各行業的比重再次發生重大的調整：製造業的比重繼續縮小，僅占公司總收入的 25%；金融服務業繼續強力攀升，比重提高到近 50% 的水平；零配件維修和廣播業務包攬了餘下的 25% 份額。占收入 75% 比重的服務業為公司帶來近 1000 億美元的收益。

以上就是通用公司早期的服務業概況。1995 年，威爾許在對「數一數二」戰略進行修正時，談到了重新定義市場。這成為通用電氣服務業發展的一個里程碑和轉捩點。此後，在他的大力推動下，通用電氣轉變成一家以服務業為導向的新型公司。而事實表明，製造業的確走入了緩慢發展的衰落階段。

全面向服務業轉型的通用電氣

通用電氣向服務業轉型，最具代表性的案例是通用飛機發動機事業部。20 世紀 90 年代初，在美國軍費開支大幅削減和經濟衰退的雙重影響下，威爾許力促其高級執行官下大力挖掘服務領域的潛能。為此，飛機發動機事業部便決定大舉進入服務業。

1996 年 1 月，威爾許針對飛機發動機行業，首次在組織機構上進行非同尋常的重大改組，設立了一個新職位：發動機服務副總裁，並將公司與 p ＆ L 中心分開。他安排了一位真正的變革事務代理——曾擔任飛機發動機事業部首席財政官的比爾．瓦雷奇負責此項工作。

通用電氣發動機服務部組建於 1995 年，擁有 4300 名員工。自那時起，飛機發動機事業部開始轉變為一個服務型機構。

一些商業航空分公司的破產給通用電氣飛機發動機事業部帶來空前的壓力，倖存下來的航空公司則對其購入的發動機要求提供越來越多的服務。因此，飛機發動機事業部展開了其發動機的服務業務。

通用電氣在全世界都擁有發動機維修服務商店。1991 年，作為向英國航空公司銷售通用電氣新型 GE90 發動機交易的一部分，通用電氣從英國航空公司手裏收購了威爾斯的一家大型維修服務商店。這家商店並不贏利，主要是維修、大修勞斯萊斯發動機，因此英國航空公司早就想甩掉這個包袱。收購這家商店是通用電氣涉足維修其他製造商引擎的第一個重要動作。

1996 年，比爾在丹尼斯・戴默曼的幫助下，收購了已經由國有轉為私有的巴西一家商店塞爾瑪。於是，通用電氣具備了維修帕瓦特發動機的能力。

兩年後，通用電氣又收購了位於瓦里格的巴西維修服務商店，從而能夠用更低的成本維修 GE 發動機。

事實上，早在 1996 年底，通用電氣的發動機服務業務收入就已達到 30 億美元，比 1994 年增長了 22 億美元，並走上快速增長的軌道。但是，這個行業已經開始重新整合。1996 年，邁阿密的格林威治航空公司收購了一家名叫阿維奧爾的飛機發動機大修設施。

這件事引起威爾許的關注，他問比爾和其他人為什麼沒有去收購，並責成他們密切注意新的動向。

1997 年 2 月中旬，格林威治再一次動手，宣布了收購另一家維修服務公司 UNC 的計畫。通過新的併購，格林威治的力量更加強大了。

威爾許再一次給比爾打電話，問道:「這是怎麼回事？」並要求密切關注格林威治公司的動向。在格林威治宣布收購計畫的第 10 天，威爾許與飛機發動機事業部的 CEO 吉恩・莫菲和比爾商議此事，研究用什麼代價才能收購格林威治。

3 月 2 日，在威爾許的咄咄氣勢下，通用電氣終於以每股 31 美元的價格收購了格林威治公司。有了格林威治，通用電氣的服務業上了一個大臺階。這筆交易的成功，使它的飛機維修服務業名列同行業之首，收入在一夜之間增長了 60%。

1996 年 3 月，通用電氣與不列顛航空公司簽訂了為期 10 年，合同金額高達 23 億美元的合同，獲得了不列顛航空公司 85% 的發動機維修業務，甚至包括其競爭對手羅爾斯・

羅依斯和布萊特．惠特尼生產的發動機。不久，通用電氣又在巴西與巴西航空公司及其他主要發動機維護商簽署了合作協定。

自 1996 年以來，通過這些收購與合作經營，通用電氣發動機服務部的總裁兼首席執行長瓦倫斯利用發動機的安裝大軍——1.4 萬名員工，創造了將近 50 億美元的零部件和服務業務。

1998 年，飛機發動機事業部為修理技術的研究和發展而投入的資金超過 430 億美元，比 1996 年提高了 360%。按照公司的運營機制，公司的研究經費全部投入發動機的開發。但是，為了超越競爭對手，飛機發動機事業部不惜重金，開發先進的修理技術。同時，由於有大量通用電氣和 CFM 發動機的基礎安裝業務，公司還投資於提高其安裝工具的等級質量，以求延長發動機的使用壽命，使其更加物有所值。

通用電氣公司另一個開展服務業的典型例子是醫用事業部。1995 年春，通用電氣說服了保健業巨人哥倫比亞，由它為後者經營的大約 300 家醫院提供 CT 掃描器、核磁共振成像機及其它醫用影像設備，並為這些設備提供服務，甚至包括通用電氣的競爭對手製造的設備。

1996 年，通用電氣開始為哥倫比亞公司提供另一項服務：管理幾乎所有的醫用產品。儘管其中大部分並非通用電氣的產品，甚至不是它所銷售，但這筆交易，雙方都有利可圖：通用電氣獲得了服務帶來的收入，哥倫比亞則節省了數百萬美元。

為了建立完善的服務終端，通用醫用事業部於 1996 年 2 月收購了一家主要的影像設備服務商；1977 年又買入一家私營的設備維護保障公司。此外，它還斥資 8000 萬美元，建起了一座配備電視演播室的現代化培訓中心，用於組織當地醫院的管理者召開管理研討會，討論戰略計畫、雇員評估、時間管理等課題。

儘管面臨全球醫用設備市場的飽和與平淡，通用醫用事業部與日俱增的服務形象仍然帶動了其業務的增長。1997 年 1 月，傑夫・伊梅爾特接管了這個在全世界擁有 1.5 萬名員工、價值 45 億美元的部門。它在 CT 掃描器和超聲波診斷儀等影像診斷技術方面佔據了第一位的市場份額。

截至 1996 年 10 月，通用醫用事業部已成功地轉向服務業，其 3.5 億美元的收入中有近 40% 來自服務業。它的成功，使它成為通用電氣其它事業效仿的模範。

1998 年，通用電氣繼續拓展其服務領域：發動機事業部與臺灣的幾家航空公司組建了合資公司，並因此贏得了總價值 24 億美元的服務合約。在傑夫・伊梅爾特領導下，醫療器材事業部完成了 16 個跨國（地區）的收購和兼併業務，大大拓展了其服務業的規模。動力系統事業部和運輸系統事業部在這方面也取得相當不俗的業績。

服務業的拓展只能以優質的產品為基礎。

通用電氣在服務技術方面的大量投資已經徹底改變了服務業的根本。如果沒有這些在技術上大量的投資以及關於六標準差的承諾，簽定長期服務協定就沒有可能。而要執行長期協定，就要求擁有精確的模型以預測今後 10 到 15 年的安全性成本。假如設備的運行狀況出了意外，業務領導人就要承擔虧損的責任。因此，這些合同還強調努力安排更多服務技術方面的資金。

這些技術投資大大密切了通用電氣和客戶之間的關係。如今通用電氣提供的服務升級，使得客戶能夠從已經安裝的設備中獲得更高的生產力和更長的設備使用壽命。

威爾許相當重視服務業的發展，把服務業視作通用電氣在 20 世紀 90 年代後期最主要的王牌產業。他總是強調，要對服務業進行獨立的管理，按產品去分門別類，並使之與設備製造部門相分離。他認為，將服務業納入設備製造部門的管理之中，很容易將兩者的業績混淆，因而做出錯誤的判斷。讓它們各自獨立地核算盈虧，較可能得出最正確的結論。

根據他的說法，提高服務業比重，並不是說通用電氣的製造業部門已經衰退。當然，服務事業部門的增長很可能高於製造業部門。原因很明顯：世界上工業設備的市場容量總是有限的，而為客戶所提供的服務卻是無限的。

威爾許總結說，由於通用電氣的聲譽源於優質耐用的產品，因此，把它完全從製造業轉向服務業是不可取的。他說：「通用電氣永遠是銷售高科技產品的公司。沒有產品，你只能滅亡——退出生產，遭到淘汰。試想，如果我們不能推出新的醫用掃描器，還會有那麼多醫院需要我們的新服務嗎？在航空業，我不知道我的同行究竟會發展到什麼程度，但我相信，有一天，他們肯定會維修整架飛機。只要是客戶所想，他們就會找到解決的辦法。市場之大，絕對超乎我們的想像。然而，有一件事是可以確定的：我們將繼續製造和改進飛機發動機。」

保羅．弗雷斯科在 1999 年的某次講話中也談到：通用電氣過去一直在從事服務業。但是，那時的服務業是所謂的「零配件維修」服務，充其量不過是主營業務的一種補充而已。「但是現在，我們把服務客戶當作我們的核心業務。銷售產品給客戶反而成了我們為客戶服務的整個過程中的一個環節。」

在威爾許領導下，通用電氣將服務於客戶視作主要市場，因為在向顧客提供服務的過程中，可能會出現一些銷售的機會。經過十幾年的發展，通用電氣已領先於時代潮流，因為其它公司仍就其產品提供服務，通用電氣則把服務的範圍定義得非常廣泛，特別是在電力、飛機發動機、工業產品和醫用系統上。

對此，弗雷斯科不無驕傲地對記者說：「與同行業的其它公司相比，通用電氣在為其生產線提供配套的服務方面，走在市場的前面。尤其是在電力發電、飛行器引擎、工業產品及醫療儀器等領域，這種優勢尤為突出。」

通用電氣曾經就公司的轉型下過定論，認為公司完全由製造業轉向服務業，有可能是個失誤的決策，因為通用電氣的優勢仍然是其強大的產品技術含量。但是，就像弗雷斯科所說的，「如果繼續保持以製造業為主的戰略，這一戰略也同樣可能是另一個失誤的決策。」

1997 年夏天，威爾許在一次接受採訪中被問到，通用電氣是否已準備好成為一家以服務為導向的新型公司？是否準備放棄某些生產線？

他很明確地回答：「通用電氣將向市場提供越來越多的服務，因為它的客戶希望自己更有市場競爭力，而正是客戶的這種期望指引著它逐步走向服務領域。我們為客戶提供完整的解決方案，其目的不僅僅是為了增加設備的銷售量，更多時候，是因為客戶有這方面的需求。也就是說，通用電氣將永遠是一家出售高科技產品的公司。沒有了產品的支持，我們將失去所有的業務而必死無疑。試想，如果通用電氣不能夠不斷推出新型的醫療掃描器，還會有那麼多醫院願意來探訪我，要求通用電氣提供更多的服務嗎？」

威爾許並不憂慮通用電氣會不會因強調服務業而失去作為一家製造業公司的魅力：「如果你由於輝煌的過去而不思

進取，你的生命注定要像恐龍一樣。因此，在儘量繼承過去之精華的同時，你必須不斷進步。固守 20 年前的好東西而不改變，那就意味著失敗。這種情況已在許多公司身上得到印證。我們則發生了很大的變化。這也是為什麼在一個世紀後，我們成為最初的道．瓊工業指數成員中惟一一家尚存的公司之因。」

為了將通用電氣的服務業向縱深發展，威爾許提議，成立一個由副總裁保羅．弗雷斯科領導的服務委員會。它把致力於服務業的各事業部所有領導者召集起來，並組成執行委員會，專門策劃通用電氣公司的服務業。公司每季度將所有服務業領導人集中到費爾菲爾德開會。威爾許或副總裁弗雷斯科必定有一人參加。於是，每個人的表現情況會立即又一次清清楚楚地擺在大家面前。這種集思廣益，對導引收購方面的興趣和制訂長期服務協定等事宜大有裨益。

在最新出版的自傳中，威爾許很樂觀地展望了通用電氣服務業的美好前景：「與以往所有的工作一樣，某種創意是否奏效的試金石是數字。我們的產品服務業務從 1995 年的 80 億美元上升到了 2001 年的 190 億美元。到 2010 年，應當能夠達到 800 億美元。我們的長期服務業務量增長了 10 倍，即從 1995 年的 60 億美元增長到 2001 年的 620 億美元。」

創新經營實戰之三：進軍電子商務

1999 年春，傑克．威爾許再一次開足馬力，領導通用電氣發起一場新的革命——進軍電子商務。這是他在通用電氣所進行的最後一次創新。

20 世紀 60 年代，電腦及網路在美國並不普及。威爾許當然也不可能精通此道。直到退休前兩年，他在互聯網面前「仍是一個原始人」。但是，他骨子裏畢竟流動著那種特有的創新意識，一旦他認識到互聯網的威力，便很快皈依於此。他說：「我確實看到了它的威力。它將改變每一家公司的文化。」

此後的威爾許幾乎變成一個狂熱的電子商務愛好者。他指出：「電子商務是一帖靈丹妙藥，它代表了通用電氣有史以來最大的機會，將永久地改變通用電氣的 DNA。」

2000 年，通用電氣的電子商務獲得巨大的成功，被《互聯網周刊》評為電子商務百強之首。據統計，2001 年的電子商務計畫可幫助通用電氣節約 30 多億美元的資金。

仔細觀察，等待最佳的切入點

大公司若想進入網路經濟，需要相當一段時間進行相應的調整。通用電氣也不例外。例如，互聯網剛剛興起的時候，大多數零售業巨人對於在線銷售還持著猶豫的態度。由於擔心網上的「虛擬經濟」與傳統的「磚瓦」式零售經營方式糾纏不清，零售商的網路化速度十分緩慢。他們首先必須確保網上經營模式能夠保持以往的利潤水平，還要保證寶貴的資金投入到真正的網路經濟上，而不是落後的「磚瓦」式經營模式中。

看看威爾許近 20 年掌控通用電氣的軌跡，人們會發現，他幾乎是一個矛盾的結合體：既小心謹慎，又敢於冒險。

此外，他似乎還具備一種神奇的直覺，知道自己應該何時收手，何時出擊。過去，他總是從容不迫地推出每一項重大的新戰略。但是，面對新興的網路經濟，這位一向引領時代潮頭的大企業 CEO 頭一次感到迷茫和困惑。

也許，這主要源自他本人強大的舊經濟時代的知識背景。他獲得伊利諾大學化工工程博士學位的年代太「遙遠」了，那是 1960 年，也就是約翰．甘迺迪當選總統的那一年。

「它並沒有強烈地吸引我，雖然它理應如此。」

隨著網路越來越重要的發展趨勢，他才逐漸意識到它的意義，並開始深入地探求各種網路的新現象，向網路專家諮詢各種各樣的問題。他密切地關注其它公司網路技術的具體應用，以及這些公司在電子化、網路化上的變革。在這個過程中，他逐漸認識到，網路技術將是 20 世紀最偉大的商業工具。

就像其他企業領導人一樣，華爾街對待新興的 .com 公司的態度著實讓威爾許吃了一驚。儘管他對此從未提及，但他的心裏總在琢磨，如果通用電氣早些時候，甚至在網路經濟的模式還未經過任何檢驗之前就挺進網路世界，華爾街究竟會如何對待它呢？

威爾許仔細觀察著新興的網路經濟，耐心等待著最合適的切入時機和最佳的切入點。

1998 年夏天，終於出現一個轉捩點。就在這個夏季的某一天，他突然發現身邊的每一個人似乎都在使用網路，甚至和自己生活了那麼多年的妻子珍也利用網路安排度假計畫，或是在線炒股什麼的。世界真的變了 ?!

說起來真是非常有趣，誰也想不到，竟然是威爾許的妻子珍使這位差點與互聯網革命擦肩而過的經營大師對神祕的網路產生了好感。

珍比威爾許小 17 歲，是一位典型的職業女性，非常熟悉互聯網的應用。多年來，她一直利用網路和朋友們交流。她從 1997 年起就開始用電腦進行網上股票交易，在網上掌握自己的股票買賣。她在這方面做得非常成功，吸引了威爾許的注意。於是，威爾許開始讓珍替他關注股票行情。無論他們去什麼地方，珍的筆記型電腦總是跟他們一起旅行。但此時威爾許對網路還是不能接受，因為他認為自己不會打字，用電腦不值得。珍一點兒也不同意他的觀點，強烈地說：「傑克，連猴子都能學會打字！」

1998 年年 12 月，耶誕節馬上就要到了。在一次偶然的機會，威爾許聽到人們上班時說起在網上採購聖誕禮物的事。這引起他的興趣。他開始認真對待這個問題，並在當年的博卡會議上談到互聯網的重要性。但那只是一個開始，真正讓他心動的是 3 個月以後的事。

1999 年 4 月，威爾許和珍在墨西哥度假，慶祝他們的 10 周年結婚紀念日。珍仍然帶著她的筆記型電腦。

這天，珍又開始全神貫注地擺弄起她的電腦。在網上，她看到人們對通用電氣股票分割的可能性以及威爾許關於接班人計畫的評價，並把這些告訴了威爾許。她甚至還手把手地指導威爾許測覽了雅虎網站。威爾許為能看到那麼多人對通用電氣的說法而著迷。

在珍的幫助下，威爾許又瀏覽了幾個網站，並試著發了幾封電子郵件。這些新奇的「玩藝兒」深深吸引了他，他一邊度假，一邊上網查看新聞及人們對通用電氣的最新評論。有一次，他甚至把珍一個人丟在游泳池邊，自己回到房間去上網。

威爾許對互聯網的認識的確晚了半拍，可他一旦進入，就著實吃了一驚。此時他已經朦朦朧朧地意識到，這種新技術將對通用電氣產生革命性的影響，並把互聯網看成是「打破邊界的最後工具——釘下通用電氣官僚體制棺木上的最後一顆釘子」。

他意識到在互聯網上建立商務網站並非十分困難，開始對互聯網有了深入的瞭解。在他看來，數位化並不是神祕之物，沒有什麼可懼怕的。他雖然不能肯定互聯網會在什麼時候，以什麼方式和內容對通用電氣產生影響，但他知道，從現在起，通用電氣必須全方位、大張旗鼓地進入這個領域。

於是，他結合通用電氣的實際情況，開始向他的員工及投資者闡述數位化的魅力與可行性。他指明，像通用電氣這樣的「大型老公司」完全可以走數位化之路。與新興的網路公司相比，通用電氣達到收支平衡所需的時間短，回報更大，更有把握。因此，它完全可以在電子商務領域的發展中占盡上風。

電子化公司最核心的本質特徵就是把網路技術融合到公司的經營模式之中。具體地說，這包括兩個方面：業務流程處理方式的電子化及產品銷售的在線化。

許多具有幾十年歷史的大公司，在網路化的進程中早已逐漸做了大量改變。它們的許多業務流程都已做好網路化的準備，所以，這些流程也能夠快速從離線的操作方式轉入現在的在線方式。它使得這些大公司更接近那些純粹的「.com」公司，雖然兩者之間仍然存在著巨大的區別。

通用電氣全球各事業部所採取的網路戰略與純粹的.com公司相比，「規範」得多。比方說，在成立的頭幾年內，大多數.com公司並沒有盈利的指標和壓力。與之形成鮮明對比的是，通用電氣絲毫沒有放鬆對銷售和盈利的考慮，並把這些指標看作企業健康發展的基礎。所以，通用電氣的網路戰略十分注重盈利能力，甚至比其它傳統戰略更重視。

威爾許據此認為，通用電氣已經有了品牌與知名度，因此不需要設立兌現承諾的機構或興建庫房以運送貨物。而且，通用電氣的六標準差已經到位，運作效率不成問題。通用電氣所要做的就是用數位化的手段取消公司內的低附加值工作，進一步改善生產流程，提高生產率。

關於提高生產率，有些人感到懷疑。他們懷疑通用電氣這顆檸檬裏還有沒有可以榨出來的汁。對此，威爾許十分自信。他說：「網路給了我們一顆全新的檸檬，一個柚子，甚至是一個西瓜——全都放在一個盤子裏。」

他知道，通用電氣也有自己的網站，但它們大多數只用於資訊的發布和瀏覽，根本不具備交易的功能。正如通用電氣電子商務業務部及公司網站 www.ge.com 的負責人帕姆·威克漢姆所說的：「1998 年年底耶誕節的時候，傑克·威爾許所關注的是網路經濟的交易環節。這正是我們所探尋的業務模式的核心部分。只有解決好這一問題，網路才能夠帶來真正的利潤流。」

很快，威爾許便對通用電氣的所有業務部門下達任務，要求它們構建具備交易功能的商務網站。

1999 年 1 月，在博卡舉行的通用電氣管理會議上，威爾許明確提出電子商務將是通用電氣今後的首要工作重點，並要求各部門的領導都要考慮一下各自部門的電子商務計畫，在 6 月的戰略會議上提交。

3 月，他邀請 IBM 的格斯納、朗訊科技的里奇·麥金等熟悉電子商務的人前來參加公司的會議，向各級管理人員灌輸電子商務的意識。

與此同時，來自通用電氣聚合物中心的首席執行長彼得·福斯提供的統計資料表明，截至 1998 年年底，中心的網站每周已能夠實現 10000 美元的在線交易。1999 年年底，這一數字飆升到 60 萬美元。到了 2000 年 6 月，更高達 1500 萬美元。在通用電氣，像彼得·福斯這樣積極開拓網路商務的不乏其人。在威爾許指定網路為通用電氣下一步的發展大計之後，通用電氣上上下下，不管是管理人員還是普通員工，都快速行動起來，在全公司展開一場轟轟烈烈的網路化運動。

如果你不能將螢幕變成錢，當初就不應當建立它！

對威爾許來說，電子商務開通的頭幾個月將是通用電氣歷史上最激動人心的時期。他向來酷愛冒險，更喜歡大手筆的做事方式。他命令通用電氣旗下的 12 個事業部門，必須選任一位負責電子商務的領導人員，堅決貫徹電子商務的新經營戰略。

如果慎重一些，威爾許完全可以只選擇 12 個事業部門中的一個或幾個作為電子商務的試點。在獲得成功之後，再進一步推廣。但是，他的性格決定了，一旦他堅定了網路經濟將是主宰未來的經濟模式這種信念，他便希望，通用電氣的每一位高層管理人員也能夠分享自己對新經濟模式的熱情和決心。

儘管通用電氣向網路經濟挺進的號角已經吹響，威爾許卻還有點擔心「.com」公司可能會給通用電氣帶來嚴重的威脅。用他的話說就是：「永遠不要讓任何人插在你和你的客戶或你的供應商之間。這種關係需要很長的時間才能建立起來，具有很高的價值，絕不能失去！」

當時，包括威爾許在內的通用電氣管理高層一直抱有這樣的想法：通用電氣的一舉一動都在業內許多公司的密切關注之中，這些競爭對手做夢都想用某種新的業務模式給予通用電氣致命的一擊，從而取代它在業內獨特的「領導者」地位。通用電氣的管理高層把這些競爭對手歸結起來，戲稱他們為「終結者 .com」。

正由於高層管理人員的這種危機意識，他們認為，通用電氣的網路戰略必須啟用某種新的業務模式，並扮演現有通用電氣自身的「終結者」角色，即取代現有的業務模式。為了有效地推進網路戰略，通用電氣鼓勵各個事業部啟用年輕、瞭解網路經濟的員工加入公司的電子商務團隊。也就是說，公司希望那些「時髦的」、具備「新型知識」的人員發展公司的電子商務。

隨後，各個事業部門的電子商務團隊成員被集中到一個地方，大家共同暢想，競爭對手究竟可能採用哪些網路業務模式攻擊通用電氣。一旦某個成熟的方案被確定下來，威爾許便利用自己在通用電氣說一不二的威望，雷厲風行地把它應用到實踐中。而現實的情況是，其它公司根本沒有機會反應和跟進。總之，在 1999 年的頭兩個季度，這便是威爾許的電子商務戰略。

到了 5 月份，這批年輕的網路精英遞交給管理高層十分出人意料的報告。他們毫無顧慮地大膽指出：通用電氣網路戰略的前提假設完全錯了。也就是說，通用電氣並沒有遇到想像中的競爭威脅。報告還進一步指出，通用電氣的網路戰略本身已是如此超前，根本沒有必要顧忌任何外部威脅。

這些年輕人堅信，通用電氣對競爭之威脅的顧慮完全沒有必要，那些想像中的競爭對手甚至根本沒有精力和實力構建自己的網路戰略。因此，通用電氣所需要做的就是集中精力發展自己的電子商務。由於通用電氣所做的充分的網路化準備，使它實際上早已遠遠領先競爭對手了。

威爾許放下心來。通用電氣的業務很安全，並沒有受到來自其它方面的威脅。原因很簡單：那些設想中的競爭對手都沒有通用電氣所具備的基礎設施、倉庫和豐富的產品。

通用電氣並不需要任何新的網路經濟模式，它原有的業務模式本身就已足夠優秀。它所需要做的，只是把現有的業務模式網路化。這樣一來，不僅原有的客戶資源能夠繼續保留，還有效地防止了他們向其他競爭對手的轉移。

聽取了那些年輕的網路精英所提出的報告之後，威爾許意識到，要把通用電氣轉變成最「前衛」的電子化、網路化公司，並不像自己一開始所想像的那麼簡單。正如他自己常說的，它並不是一次腦部手術就能夠解決的問題。他認為：「建立網站和實行數位化是整個戰略中『較容易的一部分』，改變通用電氣的基礎設施則困難得多。」

在網路化高峰時期，通用電氣也有頭腦過熱，做了一些蠢事的時候，那就是急於建立網站，而不管是否有用。到了2000年初，這種情況甚至失了控。通用電器事業部開發了一個娛樂性新網站，叫「攪拌湯勺」。網站搞得紅紅火火，有食譜、討論欄、優惠券下載、購物忠告等。也就是說，廚師所需要的應有盡有。問題是，這網站就是不賣他們的看家貨——電器。

後來，這個網站被威爾許稱為「網路塵埃」的樣板，屬於那種看上去十分漂亮，經濟上卻從來沒有理由存在的網站。這種過熱使他得到這樣的教訓：如果你不能將螢幕——無論是直接商品還是間接的優質服務——變成錢，當初你就不應當建立它。

在他看來，網路代表得更多的是機會，而不是威脅。電子商務戰略與其它戰略並沒有什麼不同，關鍵是把新思想融入公司的肌體之中。於是，他馬上改變戰略，重新界定了各部門的任務，開始把網路融進公司的知識結構，並立即與企業的購買、製造和銷售等環節相結合。也就是說，使網路不再與通用電氣的主流業務相分離，而是融入現有的業務模式之內。

1999年4～5月間，通用電氣各個事業部門紛紛成立電子商務領導小組。他們的任務便是把通用電氣現有的業務模式網路化，並加以適當的改造，實現所有業務流程從離線狀態到在線狀態的根本轉變。

就像以往通用電氣每一次推出新戰略的「社會效應」一樣，威爾許一旦決心全面進軍網路世界，他的通用電氣很快便成了其它公司網路戰略的效仿對象。

毫不奇怪，威爾許這位 20 世紀最偉大的經營大師，在即將跨入 21 世紀的時候，再次給通用電氣公司的管理人員制定了一個雄心勃勃的目標：在 1999 年年底之前制定並實施全面的網路戰略。在 1999 年通用電氣的公司年報中，他寫道：「雖然我們直到去年（1999）1 月的管理大會，才決定把電子商務引入公司的運作系統，但僅僅 1 年後的今天，電子商務的業務量已發展到如此巨大的數字，我們甚至已經不能夠用「積極」兩個字簡單地形容它的發展態勢了。儘管『網路』已經為通用電氣創造了上百億美元的收益，但電子商務的潛力遠遠不止於此。電子商務正從本質上改變著通用電氣。」

也許是由於威爾許在美國商界鼎鼎大名，也或許是他以往的每個戰略都被廣泛地研究和效仿，所以，當他再次推出新的網路戰略時，便再次吸引了所有人的注意力。

他將通用電氣的網路戰略定位為 B2B（即商務對商務，Business-to-Business）的模式，因為通用電氣 85%的業務來自與其它公司的商務交易。

當時，華爾街普遍認為通用電氣落後於網路經濟。通用電氣高級副總裁兼首席資訊長，也是通用電氣網路戰略的主要幕後策劃人加里・雷納很不高興地回應道：「並不僅僅是我們進入晚了。只有把我們與我們那些傳統的競爭對手做比較，只有在他們都已順利地實施網路戰略的情況下，你才能說我們的網路戰略晚了。然而，事實不是這樣。我們今天所實施的 B2B 電子商務模式，把現有的各種模式搬上了網路——是的，我們做的還很少。但是，其它公司做的也許更少。」

當然，威爾許也承認，在網路經濟開始的初期，舊經濟模式下的公司往往會產生一種受到脅迫的感覺：「當你想到網路革命正改變著這個世界時，你的心裏不禁會浮現出這樣一個疑問：為什麼網路革命不是由那些大型、資源豐富的高科技公司領導掀起的呢？為什麼反而是那些新興的小公司占得了先機？答案（至少符合通用電氣的實例）也許觸及到網路的『神祕』本質！它是年輕人和夢想家的領地，而網路的開創和運用這一概念本身就足以使它擁有獲得諾貝爾獎的資格。」

通用電氣網路戰略的催化劑當然也是其它美國公司的催化劑，那就是電子商務不可思議的巨大潛力。新興的網路技術使得各種各樣的交易都能夠通過網路進行。

1998 年冬天，電子商務突然爆發了神奇的魔力，人們在耶誕節最後時刻的在線消費熱情猛烈震撼了美國商界。在線銷售的數額急劇高漲，打破了此前所有的網上交易記錄。

正是由於人們瘋狂的聖誕在線大採購，才促使通用電氣以及其它許許多多美國老牌公司立刻決定：盡快採取行動，把公司的原有業務網路化、在線化，而且，務必加快速度。就像加里・雷納所說的：「一定要快！不能取得領先地位，就會面臨被淘汰的危險。那時，你能做的就是眼睜睜看著別人走到你的前面，然後把你趕出遊戲場。這可是關乎公司命運的大問題。」

最後，是通用電氣旗下的 NBC 把威爾許真正帶入神奇的網路世界，NBC 也成為通用電氣第一個採取了真正有效之網路戰略的部門。威爾許非常欣賞 NBC 管理高層的氣魄和膽識。1999 年春天，就在他打算正式啟動通用電氣的網路革命之際，他曾對記者很樂觀地談到 NBC 及網路的美妙前景：

「想想 MSNBC（NBC 旗下的新聞網站），想想那些電纜，再想想利用網路，我們將能夠做到的一切……我們可以到各種網站上『觀光瀏覽』，每天可以和上百萬人做生意。我們能夠開發出多少種個性化產品？我們能夠面對多少新鮮事物？ MSNBC.COM 一定會成為通用電氣一項了不起的產業，它必將出類拔萃……目前，MSNBC.COM 已經是全球最大的新聞網站，其規模不僅超過 CNN，也超過其它三大廣播電視網……可以肯定地說，我們在網路上的投資非常成功。現在只是 5 億美元左右的投資。有朝一日，它將像滾雪球一樣，為公司帶來數不盡的收益。總之，好戲還在後頭。」

現在，威爾許已經把電子商務看作「未來的事物」，是「使年老的變年輕、使緩慢的變迅速」的有效工具。他說：「電子商務已經成為通用電氣 DNA 的一部分，它是通用電氣再造、變革的最佳途徑。」

利用電子商務，在通用電氣官僚主義的棺材板上釘下最後一顆釘子！

1999 年春天，通用電氣公司上下到處都瀰漫著「互聯網」那獨特的氣息，每個人都興高采烈地談論著這種新興的經濟模式。

電子商務，就這樣成了威爾許創新經營的最高目標。很快，它也成為其他所有高層管理人員的最高目標。有趣的是，當時卻沒有人提及要把通用電氣轉變為一家電子化、網路化公司的話題。沒有人知道下一步的計畫，就連人們談論網路時，也都是用一些簡單的辭彙形容它，很少說出整個公司統一的辭彙或口號。

當時，威爾許和雷納為通用電氣所制定的網路戰略，僅僅是「充分利用網路的資源和優勢，並為下一階段的網路戰略做好準備」，即把通用電氣轉變為一家全面電子化、網路化的公司。當然，這是後話。

1999 年 6 月，整個通用電氣的公司執委會會議都圍繞著電子商務的話題進行。威爾許，這位通用電氣的掌門人再次發出指示：克羅頓維爾管理中心的所有培訓教員必須確保，未來一年內，培訓中心的所有課程都緊密圍繞電子商務的內容進行。

在威爾許看來，要構建一家真正的電子化公司，不僅意味著業務流程網路化的轉變，也要求利用網路技術的優勢改進公司內部的溝通與交流。

電子商務的概念已在通用電氣 500 名高級官員的頭腦中樹立起來。此外，公司內 1000 名電子商務團隊的成員對此也有了深入的瞭解。但是，通用電氣還有另外 34 萬名員工對此知之甚少。威爾許希望所有的公司成員都能夠與自己共同分享對「網路時代」的激情。

眾所周知，威爾許一貫強調與員工的溝通。在網路出現之前，與員工的溝通是一件耗費時間的事。例如，一盤錄影帶在整個公司觀看一遍，至少需要幾周的時間；甚至，當員工們真正看到這些錄影帶時，其資訊本身早已過時了。

1999 年 6 月，通用電氣的管理高層發現，70％以上的員工都在使用電子郵件收發各種資訊。那麼，通用電氣何不也利用電子郵件及時發布公司的信息呢？於是，在當月舉行的公司執委會會議上，威爾許便決定，每季度舉行的公司執委會會議的內容簡訊都將通過網路，向所有員工及時發布。1999 年 7 月，公司信息的第一次網路發布正式登臺亮相。通用電氣執委會會議信息的第一次網路發布效果驚人。威爾許對此躊躇滿志地說：「對於飛速發展的網路經濟，我們必須做好破釜沈舟的思想準備。我向你們保證，你們即將看到各個事業部的主管以及我本人對電子商務的執著追求和狂熱努力。」

威爾許的網路知識，最初是來自他的妻子珍。珍利用網路進行股票交易，並通過上網「衝浪」，瞭解各個度假勝地的情況。正是她教會了威爾許網上「衝浪」。而坐在電腦面前的威爾許，似乎一下子變成了「山頂洞人」（當然，這只是他自己的謙虛之詞）。在妻子的「諄諄教導」下，他學會了使用電腦和網路，並親自體驗到網路的巨大魅力。

其實，早在高中時代，威爾許就學會了打字。只不過，這項「古老」的技能直到 1998 年，在他與妻子的 10 周年結婚紀念日之際，才真正派上了用場。在珍的鼓勵下，逐慚激起了他對網路的興趣。其後，為了更加熟練地使用網路，他的打字技術也得到充分的鍛鍊。

這時，他也開始使用電子郵件。1999 年 6 月，他發出了公司內部的第一封電子郵件。員工們第一次體會到，自己竟然真的能夠與董事會主席直接溝通！大家都為此激動萬分。兩天時間內，威爾許收到了 6000 多封來自員工的電子郵件。此後，他每天都能收到 40 ～ 50 封。儘管他擁有 20 至 25 個直接的報告途徑，但他仍然經常利用電子郵件傳達資訊。

「大家都瘋了！」帕姆．威克漢姆回憶道：「他們幾乎不敢相信，自己會在某天上班打開信箱時，發現一封來自傑克．威爾許的郵件。僅僅兩天時間，威爾許已經把原來計劃在下一季度完成的溝通任務圓滿達成。」

與此同時，各個部門也展開了積極的準備工作。截至 1999 年 9 月，通用電氣的各個事業部都已推出各自能夠完成交易功能的商務網站。同一個月，威爾許對全體員工發布網上實況演說。這一次，他的談話快速傳達到通用電氣的每個角落。與過去依靠錄影帶傳達信息所需花費的 6 ～ 12 周的時間相比，這無疑是個巨大的進步。

不過，很有意思的是，威爾許本人始終更喜歡親筆寫一些重要的信息，把它們傳真到各個部門。「如果我某天突發靈感，想到什麼重要的事，我會首先想到用紙把它們寫下來。我覺得電子郵件不太容易表達激情和思想，厚重的筆墨則讓我感覺良好。我筆下的每一個字對我來說，似乎都意義非凡。」

仔細觀察通用電氣的網路戰略，人們不難發現，它與威爾許的其它戰略實際上呈現出一種相輔相成的關係。

他本人如此闡述：

「20 年來，我們一直追求小公司的做事風格，力圖把小公司的「靈魂」安裝到通用電氣巨大的「身軀」裏。為此，我們推出了合力促進計畫。但這還遠遠不夠。80 年代，我們實施了組織扁平化的戰略，剷除了大量毫無價值的管理機構。我們裁掉了大量員工，極大地提高了公司的做事效率和速度。此外，我們還效仿新興的公司，成立了風險基金。我們向近 3 萬名員工發放了股票期權。而此前，擁有通用電氣股票期權的員工人數不超過 600 名。我們堅決反對並剷除官僚主義的任何特徵，直到找不出它的痕跡。我們每年都在進步，變得更好、更快，更渴望發展，更重視客戶的滿意度——突然，有一天，電子商務這帖靈丹妙藥出現在我們面前。它激發出公司每個成員的激情，使公司得到新生，並從此永遠改變了通用電氣的本質。」

按照威爾許的說法，通用電氣網路戰略的最初規劃，是想利用網路激發和更新其它三個戰略。網路同時也使得通用電氣能夠將巨大的客戶資料庫資源優勢有機地融合到客戶服務當中。他這樣描述通用電氣的網路戰略：

「我們所追求的就是那樣的一天：放射專家『瓊斯博士』早晨起來，登陸自己的主頁，調出自己的 CT 機昨天或是上周的操作記錄，然後與主頁上傳來的資料進行比較（這些資料來自全球 10000 多台同類 CT 機）。根據比較的結果，瓊斯博士可以直接從網上定購某個軟體，以使自己的 CT 機升級達到全球一流的性能水平。而用於升級的軟體，昨天晚上剛剛由通用電氣密爾沃基（美國威斯康辛州東南部港口城市）或是東京、巴黎、班加羅爾的某個工程師開發完成。」

威爾許期望有一天，當某地發電廠的總工程師喝著早晨的第一杯咖啡時，能夠輕鬆自如地在線檢查他的渦輪發電機的熱耗量及燃料消耗量等情況，並決定如何與其它上百家發電站抗衡。

怎麼做呢？很簡單：登陸自己的主頁，查找通用電氣所提供的，有助於提高競爭力的各項服務，然後選擇適合於自己的一項。威爾許注意到，過去很難廣泛利用的知識資源，現在借助網路的優勢，終於開花結果。通用電氣的產品，現在已完全做到全球 24 小時的在線合作設計與開發。

「網路時代」的「網路速度」讓威爾許熱血澎湃：「網路時代的本質就在於「速度」，它極大地促進了公司的新陳代謝。過去，人們會用「明年第三季度」的字眼描述公司的行動計畫。現在看來，那簡直就是烏龜式的跑步，既荒唐又可笑。通用電氣現在用天或周計量時間，安排行動計畫。」

2000 年 4 月 26 日，威爾許在通用電氣的股東大會上總結了自己對電子商務革命的觀點和看法：「大家應該早已聽過關於『新經濟』公司和『舊經濟』公司的說法了吧 ?! 一直以來，關於這兩種經濟模式下的企業孰優孰劣的論戰鋪天蓋地。其實，『新經濟』也好，『舊經濟』也罷，都只是一些時髦的辭彙罷了。現在和將來只會有一個統一的全球經濟。貿易的本質從來沒有改變過，新興的網路技術只不過是在商業的運作方式上改變，甚至即將替代以往的做法罷了。我對這一論戰最不感冒，因為人們只是在因特網上買賣商品——正如人類 100 年前在馬車上交易一樣。惟一不同的是技術。」

他認為，隨著通用電氣電子商務化的繼續深入，人們不難發現，將公司營運的各個環節——諸如購買、製造、銷售等等電子化，其實是一件非常簡單而容易的事，幾乎可以算作網路革命中最簡單的一個組成部分：「我們擁有堅實的硬體產品、上百家製造工廠，以及領先世界的產品和技術，我們還擁有上百年的品牌知名度及享譽全球的聲譽。所有這些，都是電子商務領域的新興公司所夢寐以求的。

「管理最核心和最重要的信條就在於業績的考評和比較。多年來，通用電氣如同其它所有的公司和商學院一樣，不斷地考評和比較自己的盈利、收入、現金流及其它各項指標，並在比較中尋找差距，從而不斷進步。今後，通用電氣還將繼續各項指標的考評和比較。」

在新興的網路時代，世界已變得日新月異，許多幾年前根本聞所未聞的新鮮事物層出不窮，人們也開始以「天」為周期衡量事情。通常，人們會從下列幾個方面衡量新經濟的狀況：購買、處理、銷售及戰略等。

「我們所衡量的『購買』，是指通用電氣拍賣網站上的業務流量、其占整個網上業務流量的比例及因此而節省的費用。『處理』，則是指資訊由發出方向接收方無損耗的傳遞過程。衡量的指標就是資訊的傳播速度，以及在傳播過程中，避免了多少毫無意義的資訊收集和訂單處理流程等等。

這些繁雜的工作正是大公司中官僚主義和本位主義最典型、也是最後的一塊壁壘。徹底消除它，不僅能夠改善公司的生產力，還能提高員工的士氣。

「衡量『銷售』的新指標為網頁的訪問量、在線的銷售額、在線銷售『市場』的份額、新客戶量、客戶來源的範圍等等。從戰略上講，通用電氣廣泛的業務組合，使得它具備了與各個領域的新興網路企業進行合作的廣泛基礎。最終，它成功地對超過 250 家這一類型的企業進行了戰略投資。」

威爾許公開宣稱，在通用電氣的電子商務達到某個相當的水平之後，諸如擁有相當的在線訪問量、取得相當的在線銷售額等，傳統的企業考核指標，如銷售額、淨利潤及現金流等，將重新取代上述四個方面的新衡量體系。

因為，「說到底，通用電氣所做的一切都是以更迅速有效地為客戶服務為出發點。當然，通用電氣也希望在不斷地改進客戶服務的過程中，能夠做得更好、更快，並最終成為全球客戶的第一選擇……在此，我想再次提醒人們注意，管理本身的實質並沒有改變;就算有，也只是微乎其微的改變。我們時常聽到的所謂『新經濟』和『舊經濟』之類的詞，都不過是『評論界』發明的符號罷了。」

傑克．威爾許忠告：
瞄準電子商務，切莫失去 21 世紀的「護照」

據世界各國的經濟學家分析，在知識經濟已闊步向前的 21 世紀，由於電子商務的高速發展，營銷將會出現全新的形式。諸如在批發和零售之間已經出現實質性的非居間化，即不需到商店去，就可以買到所有商品；以商店為基地的零售商逐步把商店變成銷售「體驗」之地，而不是推銷各種商品，即通過經營娛樂性項目和藝術性講座推介各類新產品及服務；大多數公司建立起客戶的基本資料庫，可通過資料庫的要求，為客戶定製各類產品；大多數製造廠商成為依靠外部資源進行生產經營，即與國內外眾多名牌的製造廠商建立設計和供應關係的系統，互為上網公司，使生產和銷售更貼近市場；銷售人員擁有更多特許權，他們裝備最新的通訊設備及銷售工具，能開發自己特有的可供多媒體展示、按市場需求定製和按合同要求生產的產品；促銷的廣告已大量從螢光幕及報刊上消失，取而代之的是通過上網做廣告，有效地到達目標市場。

因此，未來 5 到 10 年內，公司經營運作如果沒有電子商務，就會像現在公司沒有電話一樣，必然寸步難行。電子商務將成為公司必備的商業工具。一家在 2005 年還沒有開展電子商務的公司將會發現，對它們來說，做生意可不是一件容易的事。它們不得不想方設法去克服如下的困難：

——絕大多數大公司根本不會接納沒有採取電子商務的公司作為自己的供應商。許多精明的顧客現在就已經要求他們的供應商使用電子資料交換系統與他們進行業務往來。

——它們不能對很多商業項目進行投標，因為這些項目在國際互聯網上發布，並通過電子手段處理競標。

——如果不使用電子商務，公司的行政管理費用和業務開支將是一個很重的負擔。絕大多數對 EDI（電子資料交換）應用的研究表明，EDI 可以把交易成本降低 5 ～ 10%。利用 EDI 已是被無數事實證明了的機會。

——無電子商務的公司須為它的每筆財務往來浪費金錢。而電子支付系統、資金轉帳、自動清算及金融 EDI（又稱 FEDI）等可為公司的適時存貨和精煉生產節省大量資金。

——最後，沒有電子商務的公司每年的調整速度必定比它的競爭對手慢了許多，所花費的成本高了許多，可信度低了許多。最終的結果就是它們所取得的成就遠遠不如對手。

那麼，到底何謂電子商務？所謂電子商務，就是指利用電腦和通訊設施處理最能影響企業基本業務的日常業務交易，即與供應商、顧客、銀行、保險公司、分銷商和其他貿易夥伴的日常聯繫。電子商務具有以下三個要素：

(1) 電子資料交換。指使用彼此認可的標準代碼和格式所進行的機對機業務資訊交換。使用這些標準代碼，使資訊可以直接而迅速地輸入交易處理系統，而不需要在接收端重新進行人工輸入。
最典型的應用就是定單輸入、支付和分銷。這種應用的複雜性在於公司在利用技術契機時所需要進行的組織變革，也在於迫切需要和公司、供應商及消費者等各方建立合作、協作與信任關係。
任何公司，不論大小，都可以從 EDI 中受益。EDI 的技術風險最低。下一次 EDI 應用的浪潮更會來勢洶湧，EDI 與電子支付手段相融合，將一躍而成為一體化商業保障管理的基礎，而不是僅僅用作電子化管理。

(2) 電子貨幣管理。對於資訊技術領域內的許多人來說，電子商務是指電子化的買和賣，國際互連網成為各家公司打開未來的鑰匙。國際互聯網包括各種全新概念的電子貨幣，如信用卡支付，甚至新式貨幣。例如，利用數位現金（DigiCash）服務，顧客可以通過他們的信用卡或銀行帳戶購買數位現金。信用卡雖能給用戶提供方便，但不能替用戶保護隱私。數位現金則不僅使用方便，能保護顧客的隱私，且交易成本很低，網路安全性高。

利用數位現金服務，顧客可建立一個專門用於網上消費的銀行帳戶。購買時，現金即從買方的網路現金帳戶轉入賣方的網路現金帳戶，交易簡單易行。

(3) 業務後勤一體化。電子商務對商業的真正貢獻是將跨行業、跨地域和跨職能的流程融合起來。這種流程的一體化正是虛擬企業的奮鬥目標。它們希望在零售業務方面能夠反應快速，生產靈活，以進行時間競爭，下大功夫創造企業的迅速反應能力和靈活性。

(4) 電子商務有助於公司改善營運流程。它可以將一個臃腫的供應商隊伍精簡成一個規模較小、反應靈敏的群體，使它們能根據買家的需要提供產品。利用電子商務，可以減少應收帳款，降低庫存。

(5) 電子商務的應用可使一家公司更具靈活性，反應更快，做到以顧客為導向的目標。未來的市場競爭中，很難想像，任何致力於提高自身靈活性的公司在沒有使用電子商務的情況下，仍能取得發展。

實際上，電子商務的價值並不在於提供了一件工具，而在於它是各種技術和戰略的結合體。任何一家公司，不論它具有多強的技術實力或多好的經營戰略，想要單獨實現電子商務都是不可能的。

如同其它商業手段一樣，電子商務從根本上說，還是側重於業務關係。業務關係的管理是電子商務管理的起點，然後才是流程和技術的管理。

電子商務將完全改變進行交易的公司之間的關係，使雙方能夠互惠雙贏。因為使用電子商務手段處理和傳送資訊時，資訊的流動更及時、更加協調一致、更準確，從而能提高公司管理層的決策質量。

電子商務將為公司產品和服務的營運與銷售開拓新的渠道。而國際互聯網是最明顯具有誘惑力的渠道。在公司間的貿易往來中，電子聯繫手段能通過提供更高水準、不受地域限制的便利服務，建立稱為「虛擬企業」的精幹組織，帶來不少接觸顧客的機會。而且，電子渠道成本較低，能增強公司的贏利能力。

電子商務還能簡化業務流程，使之更加合理化。它清除了公司的日常行政事務、拖延和出錯，以及繁雜的各項業務開支。

電子商務是一種實現業務目的的手段。它的目標是降低成本、改善交易各方的關係、拓展營運和銷售的渠道、改進公司營運流程和提高股票價值。

設想一下，你的公司若沒有電話和傳真機，你告訴顧客和供應商你只是通過郵寄做生意，那將會怎麼樣？到了2005年，你的公司若連電子商務的基本工具都沒有，又將如何運營？

假使你沒有電子資料交換系統處理訂單和票據，不能進行電子支付，在你的後勤流程與主要貿易夥伴的後勤流程之間未建立電子連結，以簡化整個供應鏈，又會出現怎樣的結局？

時至今日，我們認為，用電話和傳真開展業務是理所當然的事。那麼，還要多長時間，人們才會以同樣的態度看待電子商務？還要多久，才會出現公司不進行電子商務就會生意冷落的情景？又到了何時，公司會像離不開電話一樣依賴電子商務，去處理它們的日常業務，並以此衡量公司的服務質量、財務優勢、工作效率與速度？

對上述問題，答案是：「為時不遠」。過去10年間，在電子商務的每個既定領域，年複合增長率高達 20%。從這一點判斷，電子商務的全面應用即便不是現在，也肯定是在未來三、五年之內。人們即使不對什麼資訊超級高速公路、資訊社會或資訊時代之類大肆宣傳，電子商務在未來三、五年內至少翻番增長也是十拿九穩的事。

誠如美國著名的管理學家彼得·杜拉克所說：「一場新的資訊革命正悄然興起。這不僅是一場在技術上、機器設備上、軟體或速度上的革命，更是一場『觀念』的革命。」那些如海濤般洶湧的資訊，那些在互聯網上迅速傳遞的資訊，向人類發出了新的挑戰。如何組織資訊、管理資訊，並用來做出正確的決策，是所有企業經營者必須下功夫解決的問題。因此，公司經營者若想不丟失 21 世紀的「護照」，必須從現在起，將公司的經營目標瞄向電子商務！

2000 年底，威爾許在他執掌通用電氣的第二十次年會上，發表了以「通用電氣與因特網」為主題的演講。他以自己領導通用電氣 20 餘年的經驗，給所有渴望成功的企業領導者提出了忠告。

年會一開始，他就提到：「去年，我在克里夫蘭年會上的結束語是：『下一次我們在 2000 年聚首時，通用電氣將跨入其創建後的第三個世紀。你可以相信你所投資的公司將會更新、更振奮、更充滿活力。』我充滿信心，但我不知道這會是一種低估。我並未意識到，不到一年，一種貫穿我們公司運作的現象將以革命性的力量發生，並改變公司的模式。」

這裏，他所說的「革命性力量」就是飛速發展的電子商務。他接著說：「因特網技術的出現根本性地改變了業務的運作。儘管技術改變了，影響很大，但這並不意味著必須放棄傳統的管理概念，而是將這些商業原則應用於被因特網改變的世界。』」

「看看今天的現實，即意味著接受電子商務存在的現實。它不是正在來臨，也不是將來的事；它是我們當前所面臨的。今天，現實意味著「採取進攻姿態」。對此不能採取嘗試性態度，不允許以諸如渠道衝突、「市場、銷售尚未成熟」或「客戶群尚未成熟」等藉口，分散或麻痺這一進攻態度。積極進取會帶來一些棘手的問題，這些問題沒有明確或迅速的解決方法。但我們的挑戰就是要在因特網時代的大環境下解決這些問題。採取行動時的嘗試性原則意味著被踢出市場，也許不是被老的競爭對手，而是被一年前還聞所未聞的公司。」

對於新興的電子商務，威爾許認為：「如果我們不迅速給予重視，僅僅指望發生變革是不夠的。二十年來，指導我們的重要管理概念之一是：堅信公司的學習能力，將學來的知識應用於各個組織，並迅速採取行動。這是最終可持續發展的競爭性優勢。這種信念驅使我們通過打破階層界限並取消組織上的阻隔，創造一家無界限的公司。無私地分享好主意，並不停地使尋求好主意成為自然。在互聯網來臨前，所有這些都需通過艱苦的努力才能實現。今天，通過互聯網，資訊可傳到各地，傳給任何人。任何公司若不尋求最好的主意，不接受來自其它地方的思想，將會發現自己遠遠落後，並面臨生存危機。

「另一個在二十年內行之有效的管理概念是：堅信一家公司不僅要樂於改變，而且渴求改變——將變革視作機會，而不是威脅。這樣便在日益變化的世界中取得了獨特的優勢。因為，過去市場的改變緩慢，市場機遇能持續幾年。今天，在互聯網革命的大潮中，一周、甚至一天內稍縱即逝的變化所帶來的機遇，給我們帶來了另一個管理原則——速度。

「二十年來，對速度越來越高的要求推動著整個管理團隊，因為重視速度帶來了競爭優勢，並對業務的各個方面帶來了振奮和樂趣。我們與官僚主義、等級制度、公司內界限及其它公司內荒唐表現所持續的鬥爭使我們比想像中大公司所應做的更快。但那個修飾語——一家「大公司」——早已存在。對於通用電氣的速度，我們所能做的更大膽的宣言是，我們已成為「舞會中最快的大象」。今天，每個過程，每個操作，全球範圍內每個客戶對通用電氣的感覺已經數位化。我們處在將公司推向數年前還只是夢想的速度、靈活性及其表現的進程之中。

「對於互聯網的機會，我們沒有時間做更長的時間評估。我們必須跳躍——每天都要跳躍。為什麼我們及其它大公司不早些進行？為什麼我們儘管樂於改變並迅速給予重視，大家還是覺得電子革命應由新創立的小型公司領導，而非像我們這樣技術密集、資源充足的大型公司？答案很簡單：像我們這樣的大公司經常會害怕不熟悉互聯網而對網路的產生和運作感到很神祕，好比諾貝爾一樣，像一個兩眼分開，紫色毛髮的怪獸。但是，隨著我們更深地進入電子商務，我們開始明白，將我們所有的採購、生產和銷售過程數位化只是一個開始。

「我們擁有硬體設備，數百家工廠和倉庫，領先世界的產品及技術。我們有一個世紀的品牌及全球範圍的知名度，所有這些特點都是新加入電子商務者所渴求的。而且，我們有一項巨大的優勢——六標準差是一種質量處理方法，超過10萬名通用人接受此項培訓，並在五年內成功地推行了這個方法。六標準差像手套一樣，與電子商務配套，因為當客戶產生需要時，它允許我們生產並交付客戶所需的產品。六標準差定義了完成客戶之要求並使其滿意的最理想境界，這正是電子商務之所需。」

在互聯網時代，一家公司應該如何做才能取勝？威爾許說：「在互聯網的世界，我們衡量新事物，在某些情況下，是我們幾年前聞所未聞的。每天我們都衡量其中的大部分。我們將這些衡量角度分為四類，即採購、生產、銷售及戰略：

「一、在『採購』方面，我們現在將衡量網上競價數、總的網上採購與節約金額的比值。

「二、在『生產』方面，互聯網意味著不用仲介從來源處到用戶之間取得資訊。新的衡量方法是查看資訊從來源處到用戶間傳遞的速度以及消除無效益的資料收集、催單、跟單等事務。大公司這類繁複的工作是最後的堡壘，是功能主義及官僚主義；將其摧毀，可改善生產力並提高員工士氣。

「三、在『銷售方面』，新的衡量方法是來訪人數、網上銷售、網上銷售百分比、新建客戶、佔有率及跨度等。

「四、戰略上說，公司業務的範圍使我們能夠接受大範圍的新興公司。正是基於互聯網的這種認識，使我們能在超過 250 家公司內進行成功的戰略投資。

「我們深信，如果沿著正確的方向運用這些新的採購、生產、銷售及戰略衡量角度，傳統的銷售、網路及現金流動衡量角度及我們相對的存貨市場表現也會跟上。最後，所有這些在通用電氣中進行的內容將使這一轉型的新技術得以更迅速有效地服務客戶，做到又快又好，使我們成為優異的供應商。」

最後，威爾許真誠地說：「作為總結，我希望再次提醒你們，當前的管理中已幾乎沒有任何新的東西，我們經常聽到的新舊經濟的提法只不過是庸儒炮製的標籤罷了。無論傳統企業還是新興企業，互聯網技術都像呼吸一樣重要。一家公司，無論新還是舊，如果不認為這種技術像呼吸一樣重要，就要奄奄一息了。一些新而非常實際的東西，正以從未有過的方式改變著業務的步調和範圍。

「對我們來說，包括正不斷獲取新事物的通用電氣公司，被其激勵並將其看作是我們有史以來最大的機遇。其令人振奮的程度，我們從未經歷過，回報也是我們難以想像的。互聯網確實能使舊事物變新，使緩慢的進程加速。還有比這更好的補品嗎？這是通用電氣一個美妙的時刻。我滿懷信心地認為，我們最令人振奮的日子就在前面。」

〔附錄〕

傑克・威爾許
2001 年 4 月 25 日在亞特蘭大年會上的告別演講

我是傑克・威爾許，通用電氣的董事長。和我在一起的有高級副總裁兼通用電氣的首席財務執行長基思・謝林和高級副總裁兼首席法律顧問本・海內曼。

我要再一次歡迎大家前來參加亞特蘭大年會，並謝謝你們的到來。特別要感謝亞特蘭大股東們的盛情。通用電氣目前在亞特蘭大有 4300 名員工，其中 1500 名員工在最大的業務集團——通用電氣動力系統集團工作。今年 2 月，它把總部設在亞特蘭大。

通用電氣的員工已經深深植根於社區之中並展開了志願者活動。最近有 50 名員工參加了「亞特蘭大志願日」的活動；1 月份有 150 名員工參加了紀念馬丁・路德・金恩博士的志願服務會。

昨天，傑夫・伊梅爾特和動力系統集團的首席執行長約翰・賴斯參觀了南區中學並拜會了校長比爾・謝波爾德博士。通用電氣亞特蘭大分會的志願者自 1993 年起開始與南區中學合作，合作內容主要是通過幫助學生備考「學業能力測驗」，指導與輔導學生提高學業的總體水平。如今，這方面所做的努力已經有了成效，南區中學學生在「學業能力測驗」中達到 800 分或 800 分以上的人數提高了兩倍，上大學深造的學生人數增加了 32%。

多年以來，在通用電氣所在的其它城市，我們一直在走訪像南區中學這樣的學校。由於通用電氣員工的指導和提供的獎學金，已經有成千上萬原本可能上不了大學的學生進入大學學習。我們為這些志願者及其在社區所展現出來的公司的良好形象而深感自豪。

現在讓我們把話題從社區服務轉到企業運營方面。

2000 年是我們有史以來最好的一年。總收入增加了 16%，達到了近 1300 億美元；淨收入提高了 19%，達到 127 億美元；每股收入上升了 19%。公司的現金流量達 150 億美元；營業利潤率達 19%。這一水平在 5 年前是不可能的。

由於這一業績以及我們的志願者所做的努力，通用電氣連續 4 年被《財富》雜誌評為「全美最受推崇的公司」，並連續 4 年被《金融時報》評為「全球最受尊敬的公司」。我們的表現得到了回報。在 2000 年全年以及頭 4 個月，我們的股票業績超過了標準普爾指數。但這只是股票的一個方面。眾所周知，股市下跌得很厲害。儘管我們的業績從絕對意義上講，超過了標準普爾指數，但自去年以來，通用電氣的股價還是略微下滑。

迄今為止，持有通用電氣股票達 5 年之久的人已經收到每年 34% 的投資回報率。那些從 1980 年以來就一直持有通用電氣股票的人則獲得了每年 23% 的總計複利回報率。

稍後我會談到通用電氣的價值觀。目前的經濟已經清楚地展示了其中一個價值觀—即公司對變革的熱愛。通用電氣人總是把變革看作一次機會。目前的環境給了我們一次展示它的機會，我們也這麼做了。當許多人發出收益警報時，我們會發出收益增長的消息。兩周之前的第一季度結果就恰好證實了這一點：我們的收入上升了 15%。我們堅信，2001 年對通用電氣來說，又是一個創歷史新高的年份。

在接下來的報告中，我將介紹公司進入第三個世紀的情況並告訴你們通用電氣在全世界的 34 萬名員工已創造出的成果。

簡而言之，通用電氣是一家新型公司，一家在以下各行業處於市場領先地位的公司—從利用高科技生產發電設備、醫療診斷設備、飛機發動機、塑膠到消費產品（廣播、照明及電器），到 24 種多樣化的金融服務業務。真正獨特的方面在於這些企業在通用電氣的融合，它們互相交流、互相學習，追求共同的目標，對共同的價值觀有著堅定的信念。

正是這種互相學習的文化和價值觀使通用電氣不僅僅是各個部分的一個簡單組合體。這種文化及它所促進的通用電氣的營運系統使我們提出一個個舉措——一個偉大的概念—像種子一樣種下它，重視它，看著通用電氣的員工使其繁榮並將其迅速推廣到整個公司。

舉例說，「全球化」是我們最早提出的舉措。最開始是為了給我們的產品和服務尋求新市場，後來很快擴展到包括尋求成品、部件和原材料的最低成本和最高質量來源。今天，這一舉措的內容更加豐富，並集中到尋找人才方面。因為我們深知，只有通過一切渠道找到最優秀人才的公司才會勝出。

「六標準差」是我們的第二大舉措。最初這個舉措是注重在公司內部減少浪費，提高產品和生產過程的質量。這為通用電氣節約了幾十億美元。如今，六標準差有了進一步的發展，從 5 年前只注重內部活動發展到注重外部，提高了客戶業務的生產力和效率。也就是說，「六標準差」加強了通用電氣和其客戶之間的密切關係。如今我們和客戶團結在我們稱之為「立足客戶、服務客戶」的六標準差之下。例如醫療系統集團已經完成了 1000 多個項目，去年為它們的客戶醫院創造了 1 億多美元的收益。飛機發動機集團在 2000 年完成了 1200 多項「立足客戶」的項目，為航空公司節約了 3.2

億美元。它使客戶提高生產能力並幫助客戶和我們自己在這種嚴峻的環境中成長壯大。

今天，「六標準差」在通用電氣中發揮的作用更大。它嚴格的「過程」要求以及對客戶的重視使其成為最佳培訓項目。它是通用電氣未來領導集團的一個可以利用的完美工具。我們最優秀、最聰明的員工已經被分配去負責「六標準差」工作。我相信，當董事會在 20 年後挑選下一任首席執行長時，被選中的那位先生或女士一定會是血液裏流淌著「六標準差」精神的人。「六標準差」已成為我們公司領導集團的語言，成為通用電氣品牌的一個重要組成部分。

通用電氣已經從一家產品公司發展成一家既生產產品也提供服務的服務性公司。20 年前，我們的收入中只有 15% 來自服務業，如今這一比例已達到了 70%，而且將會越來越高。

「產品服務」的口號一開始比較注重傳統的維修—比如提高飛機發動機的送修周期，或更有效率地發送零部件。當時的目標是提高我們的產品在客戶中的可信度。

如今，「產品服務」已經成為一種高新技術。我們的許多最優秀最聰明的工程師在以前專注於新產品的設計，如設計更高推力的發動機，更有效的渦輪發動機，更好的診斷影像儀，如今他們已加入全公司範圍的以高新技術改良通用電氣已安裝設備的活動中去。人們過去總認為服務業不過是擰擰扳手，如今它卻涉及到高新技術和軟體產品，可以使我們的客戶—全世界範圍內的醫院、航空公司、公用設施和鐵路的生產力大大提高。

我們的第四個舉措「數位化」是我們最新的口號。它只在整個通用電氣營運系統運行了三個周期，卻已經改變了我們的業務方式。

與其它每個舉措一樣，剛開始，它只是一個概念化的小種子—主要是 .com 從事的工作—如今，數位化早已超越了我們最初的理念。

與世界上的網路巨頭一樣，我們是從「電子銷售」開始的，即主要是通過互聯網銷售我們的產品，把我們的傳統客戶轉移到網上，進行更加有效的交易。這一點非常成功。2000 年，我們在網上賣出了 80 億美元的產品和服務。這個數字到今年，會增加到 200 億。這將使我們這家有 123 年歷史的公司成為世界上最大，或是最大之一的電子商務公司。

在「電子購買」方面，我們採取了同樣的方式，在競拍中採用了許多 .com 公司的思路，擁有了全球範圍的六標準差供應商網路。「逆向競拍」的概念是通用電氣最有效的優勢，我們以最快的速度把這項新技術傳播到我們的各個業務集團中。現在我們每天都在進行全球拍賣，去年達 60 億美元，今年 120 億美元。在 2001 年，它為公司節省了 6 億美元。

最大的突破是我們稱之為「電子製造」的東西。它的起源不是 .com。.com 的基礎設備太少，渠道不多。「電子製造」源於對互聯網能為內部過程做些什麼的瞭解，並看到了數位化為一個能真正製造產品、並讓六標準差深植於血液中的老牌大公司所帶來的巨大優勢。通過對客戶服務的數位化，僅今年一年，我們的運行成本就將節省 10 億美元。2001 年，數位化至少會為我們的每股股票增加 10 美分。3 年前，它還只是零美分。這再次顯示了在通用電氣公司，傳播妙計的速度之快。

去年我告訴你們，我認為「電子商務」既不是「舊經濟」，也不是「新經濟」，只不過是新技術。今天我更加堅信這一點。如果我們還需要證明，說明這種技術是專為我們而誕生，那我們已經有了證據。去年，通用電氣被《互聯網周刊》雜誌評為「年度最佳電子商務企業」，上周也被《價值》雜誌授予同一殊榮。

對通用電氣來說，數位化其實是一個遊戲改變者。目前經濟原因帶來了競爭的減少，這正好是通用電氣拓寬數位化差距，進一步增強競爭地位的時機。儘管面臨衰退的經濟，但我們今年仍將把資訊技術方面的費用提高 10 ～ 15%，以達到上述目標。

關於我剛才提到的這些宏大、興盛的舉措，令人激動的是它們都處於相對幼年期。通用電氣人在這種互相學習的文化中工作的優勢就在於他們將繼續更新和擴展這種舉措，並提出新的舉措。他們將讓在場的各位股東相信，這家公司的總和總是大於其中各個部分的簡單累加。

下面我將從這些有時間限制的口號轉到無時限的價值觀，那些把我們連在一起，使這家公司以不同於世界上任何一家其它公司的方式運作的價值觀上面去。

第一個就是誠信。這永遠是最首要的一項價值觀。誠實意味著遵紀守法，不僅是字面上，而且是精神上。但它不僅僅是指守法，它存在於我們擁有的每一種關係的核心。有了基於誠信的信任，我們的員工就可以制定業績目標並相信我「沒有實現目標並不意味著會受到懲罰」的承諾。

在對外與工會和政府打交道時，我們可以自由地以一種建設性的方式代表我們的立場：不管是「同意」還是「不同意」，我們內心都知道我們的誠信是毋庸置疑的。

轉型期是充滿變革的時期，我們的一些價值觀會為了適應未來的挑戰而有所調整，但有一項不會，那就是我們對誠信的承諾。這意味著我們不只去正確地做每一件事，而是每次都要做正確的事。

其它一些價值觀，我在上面已經談過：熱愛變革，抓住它所帶來的機遇，認識到我們所做的一切只有在有利於我們的客戶時才會有利於我們自己的成功。如果說通用電氣注定要成為 21 世紀最偉大的公司，那我們必須同時成為世界上最注重客戶的公司。

如果我們不去尋找、挑戰並發展世界上最優秀的人才，就完不成上面的目標。也就是說，發展優秀的人才最終即是通用電氣真正的「競爭核心」。

除非我們總能擁有最優秀的人才（那些總是力爭成為更好的人才），否則光靠我們的技術、規模、運營範圍、資源，不可能使我們成為全球最佳之企業。這就需要在評估公司每一個員工時訂下嚴格的標準，在和他們打交道時出之以完全的坦誠。

我們在每一個評估和獎勵機制中都把員工分成三大類：頂尖的 20%、具有良好業績的中間 70%及底層的 10%。通用電氣的領導知道有必要鼓勵、激勵並獎勵頂尖的 20% 員工，並確保激勵具有良好業績的 70%員工更上一層樓，同時也決心以人道的方式，每一年換掉底層的 10%。這才是創造精英人才並使之興盛之道。

多年來，我們一直在談論這些獲勝的人所擁有的一項品質，也是我們必須在所有員工身上培養的品質，即神奇且必不可少的自信心。真正了不起的公司總是不斷給它的員工提出新的挑戰，讓員工充滿自信。這種自信只能從成功中獲得。

幾周之前。我們在泰格．伍茲（老虎伍茲）身上就看到了這種自信。當時高爾夫錦標賽臨近尾聲，他信步走在球道上，周圍是他的對手，個個都是優秀選手，卻顯得萎靡不振。當你參與競爭時，自信絕對是個關鍵、有利的要素。

充滿自信的一群人也以十足的簡約與人交流，用清楚、令人激動的話語去激勵，以迅速、果斷的行為去抓住每個機會。

速度非常重要。我們每天都進步得更快。我相信以後的權威會寫文章道及今天通用電氣的步伐與明天通用電氣的迅雷之勢相比是如何遲緩、甚至吃力。

還有，是對變革的熱愛和渴望抓住變革的念頭才使通用電氣像今天這樣重要，活力十足，與眾不同。我們永遠不能失去這種對變革的熱愛。

通用電氣很龐大，以後還會變得更大。領導它的人都知道規模大本身並沒有什麼價值，無非是有能力讓一家公司一次次開發新產品，成立合資公司，進行併購。領導人非常清楚，有的舉措不一定成功，有的會失敗。但這沒有關係，因為規模和資源使我們能夠從頭再來，一次次嘗試。

我們所分享的價值觀幾乎全是鼓舞性、催人奮進、有積極意義的。但有一條並非如此。

我們對官僚主義根深柢固的憎惡源於它給任何一家公司、機構及其人員所造成的精神危害，以及它對我們堅信的其它價值觀的削弱作用。官僚主義憎恨變革，不關心客戶，喜歡複雜，害怕而且達不到高速度，也不會激勵任何人。通用電氣致力於和其它任何大機構一樣，堅決做到沒有官僚。

我們在過去 20 年間持續向官僚主義發起鬥爭，且總體上是成功的，並從中創造出一種我們稱之為「無邊界」的行為。

「無邊界」行為是我們一直很渴望具有的一種小公司才擁有的特性。它是指打破或不去理睬一切人為的屏障（職能、官銜、地域、種族、性別或其它障礙），直奔最佳想法。「無邊界行為」只有在充滿自信時才會興盛，就像它在今天的通用電氣。而且，它在明天的通用電氣將會更加興盛。

「無邊界行為」和「不拘形式」相伴而行。在通用電氣，「不拘形式」的含義遠遠不僅指直接稱呼大家的名字，或者經理不穿西裝、不打領帶，或者取消預留車位及其它表示官職的服飾。「不拘形式」是指公司任何部門的任何一個人，只要他有一個好主意，一種新觀點，他就有權（事實上，我們期待他）告訴其他任何人並知道其他人會認真傾聽並重視他的觀點。無論在哪一種場合，最佳創意總能勝出，整家公司也會因此而不同。

這種「不拘形式」以及它帶來的「無邊界」行為使通用電氣成為一家不斷學習的公司，一家士氣高揚，充滿好奇的企業。通用電氣在全球搜尋、培養最優秀的人才，並培植他們一種永不滿足的學習願望、拓展願望，每天都去尋找更好的主意、更好的方法。就我而言，10 年來我一直在尋找的一個最佳主意就是誰將接任我，成為公司下一任的董事長。

我日益堅信，這 20 年來，我找到的最佳主意就是在你們各位董事的積極贊同下推舉傑夫・伊梅爾特擔任下一任董事長兼首席執行長。

我相信傑夫和他的優秀班子將把通用電氣帶到一個我們在今天還只能夢想的發展高度和優秀水平。我完全相信這個偉大的公司的前途會更加美好。

謝謝大家這些年來對我們的熱情支持。